超级有趣的科学实验

强大的能源

时间岛图书研发中心◎编绘

煤炭工业出版社

·北　京·

图书在版编目（CIP）数据

强大的能源/时间岛图书研发中心编绘 . – –北京：
煤炭工业出版社，2018

（超级有趣的科学实验）

ISBN 978 – 7 – 5020 – 6884 – 4

Ⅰ.①强… Ⅱ.①时… Ⅲ.①能源—青少年读物
Ⅳ.①TK01 – 49

中国版本图书馆 CIP 数据核字（2018）第 213970 号

强大的能源（超级有趣的科学实验）

编　　绘	时间岛图书研发中心	
责任编辑	高红勤	
封面设计	汉字风	

出版发行 煤炭工业出版社（北京市朝阳区芍药居 35 号　100029）

电　　话 010 – 84657898（总编室）　010 – 84657880（读者服务部）

网　　址 www.cciph.com.cn

印　　刷 三河市人民印务有限公司

经　　销 全国新华书店

开　　本 710mm×1000mm$^1/_{16}$　**印张** 10　**字数** 125 千字

版　　次 2018 年 10 月第 1 版　2018 年 10 月第 1 次印刷

社内编号 20181064　　　　　**定价** 28.00 元

写给小朋友的话

在生活中，你是否遇到过一些不可思议的事情？比如怎么用力也无法折断小木棍。你肯定还遇到过很多不解的问题，比如天空为什么是蓝色而不是黑色或者红色的，为什么会有风、雨、雷、电。当然，你也一定非常奇怪，为什么鸡蛋能够悬在水里，为什么用吸管就能喝到瓶子里的饮料……

我们想要了解这个神奇的世界，就一定要勇敢地通过实践获得真知，像探险家一样，脚踏实地地寻找你想要的答案。伟大的科学家爱因斯坦曾经说过："学习知识要善于思考，思考，再思考。"除了思考，我们还需要动手实践，只有自己亲自动手实践获得的知识，才是真正属于自己的知识。如果你亲自动手了，就会发现小木棍之所以折不断，是因

1

为用力的部位离受力点太远。当然，你也能够解释天空为什么会呈现蓝色，以及风、雨、雷、电的出现。

一切自然科学都是以实验为基础的，从小养成自己动手做实验的好习惯，非常有利于培养小朋友们的科学素养。需要我们通过实验来认识并探索的，有我们既熟悉而又陌生的《人体的微妙》《动物不一样》《神秘的液体》《摸不着的光》《厉害的植物》《神秘的电磁》《古怪的化学》《强大的能源》，还有《善变的天气》以及《多彩的地理》。这就是本套书的主要内容，它全面而详细地向我们展示了一个多姿多彩的美妙世界。还等什么呢，和我们一起在实验的世界中畅游吧！

目录

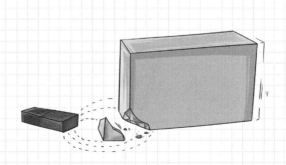

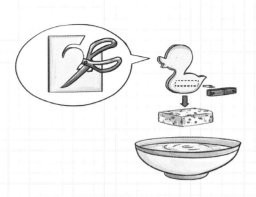

地球发烧了

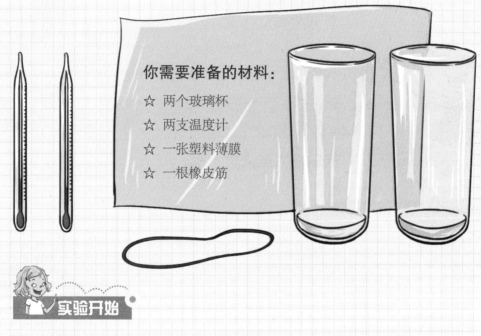

你需要准备的材料：

☆ 两个玻璃杯

☆ 两支温度计

☆ 一张塑料薄膜

☆ 一根橡皮筋

实验开始

❶ 把两支温度计分别放入两个玻璃杯中；

❷ 将其中的一个玻璃杯口蒙上塑料薄膜，并用橡皮筋扎紧；

❸ 正午时分将两个玻璃杯同时放在太阳光下。

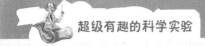

有趣的发现

蒙着塑料薄膜的玻璃杯中的温度计显示的数字，明显高于另一只敞口玻璃杯中温度计显示的数字。

查尔斯大叔还没开口，皮特就抢先喊了起来："这个我知道！这是因为塑料薄膜把玻璃杯吸收的太阳光的热量储存在了杯子里，而另一个玻璃杯则将热量散发出去了。"

查尔斯大叔点点头说："正是这个道理。"

这时，艾米丽眨了眨眼睛问："啊，怪不得我觉得最近天气越来越热了呢，是不是也有人在天空蒙了一层塑料薄膜啊？"

"这就是我们常说的地球温室效应。"查尔斯大叔说，"地球每天吸收太阳热量，但是随着环境污染的加剧，大气中的二氧化碳越来越多，地球就好像被一层厚厚的塑料薄膜紧紧地包裹住了，热量难以散发出去。这样，地球的温度就会不断上升，全球气候就会变暖，从而会导致海平面上升、农作物减产、大自然灾害急剧增多等一系列环境问题。"

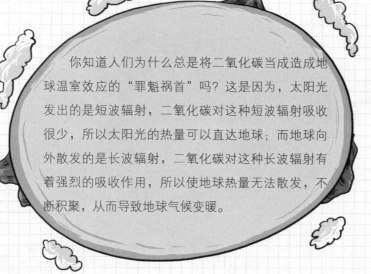

你知道人们为什么总是将二氧化碳当成造成地球温室效应的"罪魁祸首"吗？这是因为，太阳光发出的是短波辐射，二氧化碳对这种短波辐射吸收很少，所以太阳光的热量可以直达地球；而地球向外散发的是长波辐射，二氧化碳对这种长波辐射有着强烈的吸收作用，所以使地球热量无法散发，不断积聚，从而导致地球气候变暖。

皮特这几天贪吃，消化不好，总是放屁。妈妈带他到医院检查时和查尔斯大叔不期而遇。

查尔斯大叔："啊，小家伙，虽然这并不是一个好地方，但还是很高兴见到你。我胆固醇超标，来检查身体，你哪里不舒服？"

皮特："我……呃，我……我尾气超标……"

火箭发射

你需要准备的材料：

☆ 两个大雪碧瓶
☆ 一个自行车上的气门嘴
☆ 一只小号橡胶塞
☆ 一个打气筒
☆ 一块硬纸板
☆ 一把剪刀　　☆ 一把锥子
☆ 一瓶胶水　　☆ 一升水

实验开始

① 用锥子在橡胶塞上锥一个洞，塞入气门嘴；

② 将水注入1号雪碧瓶，大概注入三分之一左右；

③ 用带气门嘴的橡胶塞紧紧塞住1号雪碧瓶的瓶口；

④ 用硬纸板剪出三个火箭平衡翼，按照三等分粘在1号雪碧瓶的瓶身上；

⑤ 将2号雪碧瓶从中间剪开，上半部套在1号雪碧瓶的底部，充当火箭头，下半部立在地上，充当发射架；

⑥ 将1号雪碧瓶垂直竖立在发射架上，将打气筒接在气门嘴上开始打气。

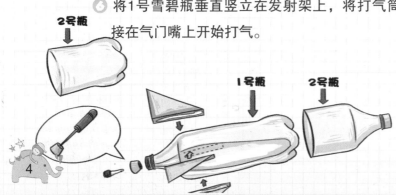

2号瓶　　　1号瓶　　　2号瓶

4

当打的气足够多时，橡胶塞就会被冲开，水向下喷射而出，火箭飞起，甚至可以飞几层楼那么高。

"神州七号发射成功，耶！"

随着小火箭的起飞，孩子们高兴得又蹦又跳。**查尔斯大叔**解释说："真正的火箭是利用内部燃料燃烧产生的高温高压气体从尾部喷出时生成的巨大反冲力而升天的。我们做的水火箭运用的也是这个原理。随着瓶内气体的不断增加，气体的体积不断被压缩，瓶内的压强也就不断增大。当瓶内压强与大气压的差距达到一定值时，水就会喷出。水与地面冲击产生了一个向上的力，火箭就升空了。"

因为空气没有固定的形状和体积，所以它具有可压缩性。当我们对密封容器中的气体进行压缩时，会产生更大的压强，比如我们往汽车或者自行车的轮胎中打气，气体不断被压缩，就会对轮胎的皮囊产生压力，这样，汽车或自行车的重量就被支撑起来啦。

查尔斯大叔一瘸一拐地走了进来。

艾米丽： "查尔斯大叔你受伤了吗？"

查尔斯大叔： "哎哟，在来实验室的路上，自行车突然爆胎了。"

艾米丽： "一定是皮特干的，我昨天看见他往你自行车轮胎里打了很多气。"

威廉： "那么，查尔斯大叔，你像火箭一样飞上天了吗？"

看不见的大力士

你需要准备的材料：

☆ 一个透明塑料杯

☆ 一张硬纸片

☆ 清水

实验开始

① 让妈妈帮忙将硬纸片剪成大于水杯的圆形；

② 将塑料杯装满水，注意不要让杯子里有气泡；

③ 将圆形硬纸片盖在杯口，用手压平；

④ 用一只手按住硬纸片，另一只手将杯子倒过来，然后松开手。

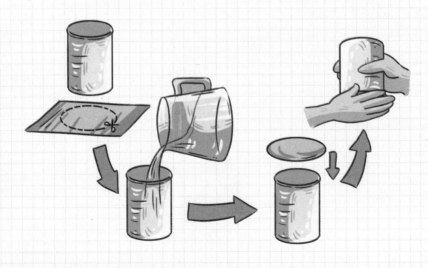

7

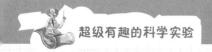

有趣的发现

硬纸片没有掉下来，被牢牢地吸在了杯口。

"哇！原来查尔斯大叔说的'看不见的大力士'就是水呀！"威廉喊道。

查尔斯大叔神秘地说："别着急，你们再看。"他取来一枚针，接着在塑料杯底扎了几个小孔，硬纸片一下子掉了下来，水也哗啦啦流了出来。威廉呆住了。

查尔斯大叔说："其实真正的大力士是杯子周围的空气。空气虽然看不见、摸不着，但是它是由无数个微小的分子构成的，空气中的物体都会受到空气分子撞击产生的压力。实验中的硬纸片不是被水吸住了，而是因为空气对它产生了向上的托力，所以才没掉下来。当我们在杯子底下扎几个小孔时，空气进入了杯中，硬纸片也就掉下来了。"

大气压是一个不折不扣的 "大力士"，这一点早在1654年就被德国马德堡市的市长奥托·格里克的实验所证实了。他把两个铜制空心半球对扣在一起，然后用抽气机把球内的空气全部抽掉，再用8匹马从这个空心铜球的两侧往相反方向拉，结果费了很大的劲才把它们拉开。可见，大气压力有多么大啊！

皮特把房门紧闭，拼命往外抽气。

查尔斯大叔："皮特，你在干吗呢？"

皮特："威廉这些天老是失眠，医生说是压力太大。我帮他抽掉点空气，减轻一下压力。这样，他就能好好睡个觉了。"

走马灯

你需要准备的材料:

☆ 一个圆规
☆ 两张卡纸
☆ 一把剪刀
☆ 一瓶胶水
☆ 一小截蜡烛

☆ 一支铅笔
☆ 一把直尺
☆ 一个子母扣
☆ 四张小画片
☆ 一根筷子
☆ 一枚缝衣针
☆ 火柴

实验开始

❶ 在一张卡纸上以同一圆心画出三个圆, 直径分别是1.5厘米、9厘米和10厘米;

❷ 把中间的那个直径9厘米的圆剪成8等分, 折成8个小窗门, 做成一个风扇的样子。注意窗门要半开, 并且朝向一致;

❸ 将最外面直径为10厘米的圆的边缘剪成锯齿状。将另外一张卡纸的一部分剪成四张同样大小的小画片, 并把四张小画片粘在直径为9厘米的圆的四等分处;

❹ 把子母扣装在圆心;

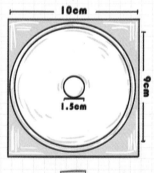

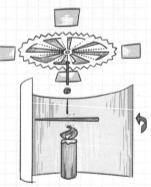

⑤ 在另一张卡纸上再剪下一个小长条，做一个直径略小于筷子的圆筒，用胶水粘牢；剩余的部分做成一个大一些的圆筒；

⑥ 把缝衣针钉在小纸筒中间，做成支架；

⑦ 将支架卡在大圆筒接近顶端的位置，注意针尖朝上；

⑧ 点燃蜡烛，把圆筒罩在蜡烛上；

⑨ 把子母扣凹进去的那个点放在缝衣针上，这样，一个漂亮的走马灯就制作完成了。

走马灯顶盖不停地旋转，直至蜡烛熄灭。

"真好看！" **艾米丽**拍着手说。

查尔斯大叔："这就是我国古代著名的走马灯。蜡烛点燃后，灯底部的空气温度升高，由于热空气比冷空气轻，所以上升到圆筒口。当这股热气流经过顶盖时，推动顶盖的小窗门不断旋转，走马灯也就转起来啦。大家想想看，能不能让走马灯换个方向旋转？"

"我来。" **安特**想了一下，拿过走马灯的顶盖，把8个小窗门向反方向打开，走马灯立刻反向旋转了。

走马灯即转灯，是源于我国宋代的一种独特的彩灯。它是根据热空气上升对物体产生推力的原理制成的，充分展示了我们古代人民的聪明才智。因为人们多在灯的各个面上绘制武将骑马的图案，灯转动时，灯屏上会出现人马追逐的景象，所以被称为走马灯。

暑假里，查尔斯大叔带孩子们参观了太阳能发电站。孩子们热得满头大汗。

查尔斯大叔："你们今天怎么了？观察一点也不仔细，心不在焉的。走马观花怎么能学到科学知识呢？"

威廉："太阳把我们周围的空气加热了，我们都变成走马灯了，能不走马观花吗？"

橡皮泥小船

你需要准备的材料：

☆ 一块橡皮泥

☆ 一个小脸盆

☆ 水

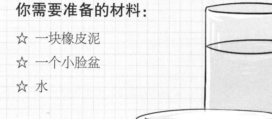

实验开始

❶ 往脸盆里装上大半盆水；

❷ 把橡皮泥捏成一小团，放入水中，观察它的位置；

❸ 再将橡皮泥捏成一只小船，放入水中，观察它的位置。

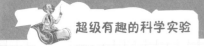

有趣的发现

当将橡皮泥捏成小团放入水中时，它很快就沉入了水底；而当我们把它捏成小船再放入水中时，橡皮泥就会浮在水面上。

"大家觉得这个实验很简单，是不是？可是在2000多年前，它可难倒了著名的科学家阿基米德呢。"**查尔斯大叔**说，"橡皮泥小船可以浮在水面上，由此我们知道，水对橡皮泥小船有一个往上的托力，这就是水的浮力。大家过去肯定以为，物体是否能够浮在水面上是和这个物体的重量有关的。但同样重的橡皮泥，为什么捏成小团就不能浮在水面上呢？原来，物体在水中所受的浮力还与它排开水的体积有关。橡皮泥小团本身的重量大于它排开的水的体积的重量，所以下沉了；而橡皮泥小船排开的水的体积要大得多，重量超过了小船本身，所以小船就浮在水面上了。"

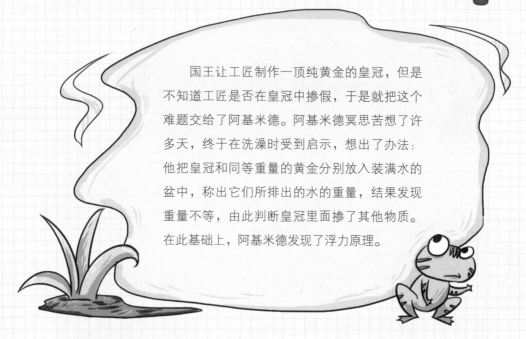

国王让工匠制作一项纯黄金的皇冠，但是不知道工匠是否在皇冠中掺假，于是就把这个难题交给了阿基米德。阿基米德冥思苦想了许多天，终于在洗澡时受到启示，想出了办法：他把皇冠和同等重量的黄金分别放入装满水的盆中，称出它们所排出的水的重量，结果发现重量不等，由此判断皇冠里面掺了其他物质。在此基础上，阿基米德发现了浮力原理。

威廉：“艾米丽，为什么乒乓球放在水中不会沉下去呢？”

艾米丽：“这是因为水有浮力，所以乒乓球才不会下沉呀！”

会跳舞的鸡蛋

你需要准备的材料：

☆ 一个生鸡蛋
☆ 一个深一些的碗
☆ 水
☆ 一些盐

实验开始

❶ 在碗里装上大半碗水；

❷ 把鸡蛋放入碗中，观察它的位置；

❸ 往碗中不停地加盐，观察鸡蛋的位置。

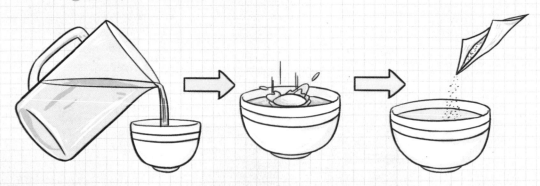

鸡蛋先是沉在碗里，但是随着盐的不断加入，鸡蛋会慢慢上浮，最终浮上了水面。

我们在上一个实验中知道了浮力原理，但是在这个实验中，鸡蛋的重量和体积都没有改变，为什么它一开始沉在水底，后来又浮上了水面呢？

"其实物体的浮力还和物体的密度有关。"**查尔斯大叔**说，"每一种物质都有自己的密度，一般来说，在体积相等的情况下，密度越大，重量越大。如果一种物质的密度大于某种液体的密度，它就会下沉；反之，则会上浮。我们往水中加盐，水就变成了盐水，盐水的密度比水大。当盐水的密度大于鸡蛋的密度时，鸡蛋就浮上水面了。"

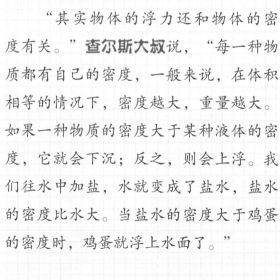

传说大约公元二世纪，罗马统帅狄杜攻占耶路撒冷，下令将俘虏们投入死海淹死。但是俘虏们不但没有沉入海底，反而被海浪送回岸边。狄杜非常生气，再一次下令将俘虏们投入死海，俘虏们仍然没有被淹死。狄杜认为是神灵在保护这些俘虏们，只好把他们全部放了。

其实，死海是一个咸水湖，含有30%的盐分，因为水中的盐分含量特别高，所以人待在死海里不仅不会下沉，还会漂浮在水面上。如今死海已经是一个闻名于世的旅游景点了。

皮特："去死海吧！"

艾米丽："太好了，我同意。因为我听说死海是淹不死人的，这样一来，那些不会游泳的人就不用担心被　　　淹到啦！"

水中曲别针

你需要准备的材料：

☆ 一个透明水杯

☆ 几十枚曲别针

☆ 清水

实验开始

① 将透明水杯装满清水，注意一定要装到装不下为止；

② 待水面平静后，把曲别针一枚枚地轻轻投入水中。

有趣的发现

看起来满满的水杯，竟然可以容下数十枚曲别针，而且杯里的水并不会溢出来。

孩子们看着查尔斯大叔一枚又一枚地往杯子里投入曲别针，而杯里的水却始终没有漫出来，眼睛不由得越瞪越大。

"液体与气体相接触的时候，会在交界处形成一个薄层，即表面层。表面层的分子比液体内部稀疏，分子间的距离也大一些，分子间存在相互吸引的力，所以就在液体表面形成了一层水膜。这层膜可以拉伸和控制其他水分子，使杯子里的水不向外溢，这就是液体的表面张力。别看这么多曲别针好像占了不少的地方，其实它们的体积非常小。只有随着曲别针数量的增加，水面凸起越来越高，表面张力'绷不住'的时候，水才会溢出来。"

话音未落，随着查尔斯大叔手中最后一枚曲别针落入水中，水终于缓缓地溢出了水杯。

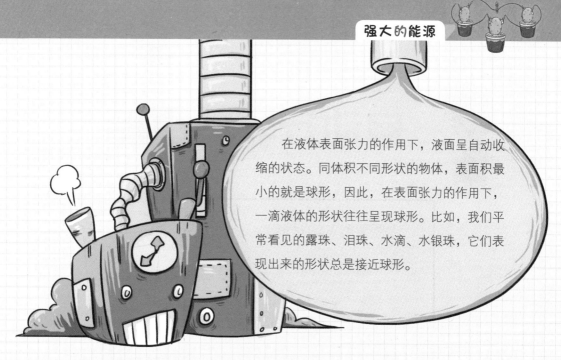

在液体表面张力的作用下，液面呈自动收缩的状态。同体积不同形状的物体，表面积最小的就是球形，因此，在表面张力的作用下，一滴液体的形状往往呈现球形。比如，我们平常看见的露珠、泪珠、水滴、水银珠，它们表现出来的形状总是接近球形。

艾米丽刚洗完头发，威廉站在旁边静静地看着。

艾米丽："威廉，看啥呢？"

威廉："我在想，为什么头发浸泡在水中时就是散开的，而露出水面后头发就聚拢在一起了呢？"

艾米丽："这你都不知道？这不就是因为水的表面张力吗？"

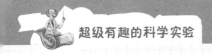

自动行驶的小船

你需要准备的材料：

☆ 一张硬塑料纸

☆ 一个脸盆　　　☆ 一块肥皂

☆ 清水　　　　　☆ 一把剪刀

实验开始

① 往脸盆里装上大半盆清水；

② 把硬塑料纸剪成1.5厘米宽、4厘米长的小船形状；

③ 在小船尾部抹上一些肥皂；

④ 等水面平静时，把小船轻轻地放在水面上。

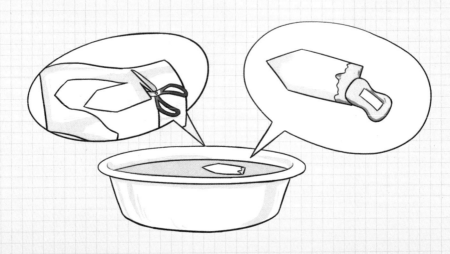

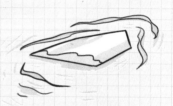

小船自动向前行驶。

艾米丽: "物体的运动需要能量,那在这个实验中,使小船向前行驶的能量是从哪里来的呢?"

"肥皂!" 威廉脱口而出。

"哈哈,肥皂在这个实验中可是起破坏作用的。" 查尔斯大叔笑了起来,"小船尾部的肥皂不断溶解,就会不断破坏小船后方的表面张力。由于前方的表面张力没有被破坏,所以小船受到的来自前方的拉力大于后方的,就像有人在拉着它不断前进一样,这样小船就会自动向前行驶啦。"

大家或许平常很少听到"液体表面张力",但其实它在我们的日常生活中有着很广泛的应用。比如叶片上的露珠，雨伞上的水滴等。另外，我们平时刷牙时，会先用水漱一下口，然后再去刷牙，这样牙膏就能在水的表面张力作用下布满整个口腔，将里面的脏东西去除干净。

查尔斯大叔："这次液体表面张力的实验报告，艾米丽完成得最出色，值得表扬。"

皮特："那是自然，她'可爱'得像个皮球，对表面张力的理解自然也比我们要深刻得多。"

瓶中起舞的蓝色精灵

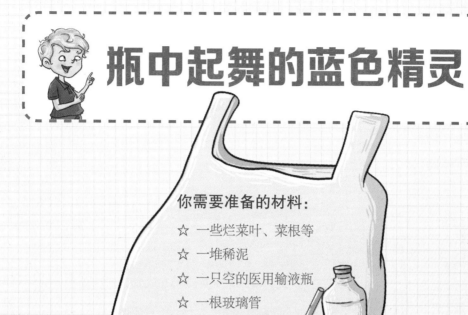

你需要准备的材料：

☆ 一些烂菜叶、菜根等

☆ 一堆稀泥

☆ 一只空的医用输液瓶

☆ 一根玻璃管

☆ 一个塑料袋

实验开始

1️⃣ 把烂菜叶、菜根等捣成糊状，用稀泥包裹起来，放入塑料袋中；

2️⃣ 将玻璃管的一头插入稀泥堆中，另一头伸到塑料袋外面，将袋口扎紧；

3️⃣ 将空的医用输液瓶头朝下放置，将玻璃管插入其中；

4️⃣ 使周围的温度保持在25—35℃。

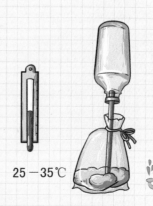

25—35℃

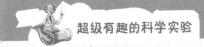

有趣的发现

几天后，将医用输液瓶和玻璃管缓缓分离，同时保持输液瓶的瓶口一直朝下。迅速点燃一根火柴，并将其伸到瓶口，可以看见瓶中的气体会燃烧，产生蓝色火焰。

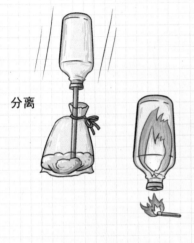

分离

艾米丽眼睛一眨不眨地盯着那蓝色的火苗，赞叹道："太美了，就像蓝精灵在跳舞！"

查尔斯大叔笑了："真是个爱做梦的小丫头。现在瓶子里装的是沼气。沼气比空气轻，所以我们可以采取瓶口朝下的方法来收集。沼气是由意大利物理学家A.沃尔塔于1776年在沼泽地发现的，故名'沼气'。各种有机物质在温度和湿度适宜、隔离空气的条件下经过微生物的发酵作用，都可以产生沼气。人畜粪便、秸秆、污水等都可以成为制作沼气的原料。沼气不仅能变废为宝，还不会污染环境，是一种很好的清洁燃料。产生沼气的物质经过发酵之后，会产生丰富的营养物质，可作为饲料或肥料。"

沼气是在微生物的发酵作用下产生的。人们往往以为微生物和腐烂、霉菌、疾病等有关，会给人类带来不幸和灾难，因此人们害怕、憎恶它们。然而，并非一切微生物都起负面作用，比如能为人类提供能量的甲烷细菌和酵母菌，它们可以生产出沼气和酒精，为人类作出贡献。

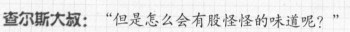

查尔斯大叔："但是怎么会有股怪怪的味道呢？"

艾米丽（不好意思地）："我们收集了很多菜皮、菜根以及萝卜之类的东西，都堆放在这里了，所以……"

查尔斯大叔："啊！原来是这样呀！"

大风车转啊转悠悠

你需要准备的材料：

☆ 一枚图钉

☆ 一根筷子

☆ 一张正方形卡纸

☆ 一个玩具电机

☆ 一个发光二极管小灯泡

☆ 一把剪刀

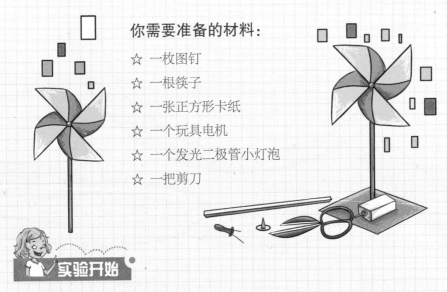

实验开始

❶ 分别在正方形卡纸四角的中线处剪一刀并向中心折起；

❷ 在卡纸中心点上钻一小孔，将图钉揿入小孔与筷子固定，小风车就做好了；

❸ 将玩具电机与小风车相连，并用电线将发光二极管小灯泡接在玩具电机上。

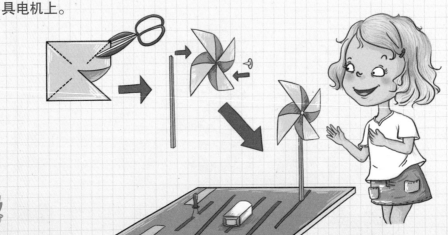

在风力较强的天气，到户外迎着风将风车调整到合适的位置，随着风车转得越来越快，玩具电机开始工作，小灯泡会一闪一闪地发亮。

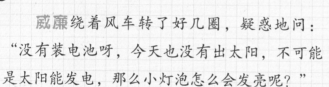

威廉绕着风车转了好几圈，疑惑地问："没有装电池呀，今天也没有出太阳，不可能是太阳能发电，那么小灯泡怎么会发亮呢？"

查尔斯大叔笑着说："这就是今天要带你们认识的一种新能源——风能。风能是取之不尽、用之不竭的能源。早在1700多年前，人们就已经开始利用风力行船、推磨、灌溉等，而现在风力主要被用来发电。风力发电的原理，是利用风力带动风车叶片旋转，再通过增速机将其旋转的速度提升，来使发电机发电。依靠目前的风车技术，每秒3米的微风便可以开始发电。现在全世界都在大力推广风力发电，因为风力发电没有燃料问题，也不会产生辐射和空气污染，是最环保的发电方式。"

大家知道"风车之国"是哪个国家吗？对了，是荷兰，而风车则被称为荷兰的"国家商标"。荷兰陆地海拔很低，所以海水倒灌，将荷兰大片的土地吞噬。聪明勤劳的荷兰人民利用风车不停地吸水、排水，才保障了荷兰全国三分之二的土地免受大海的吞噬。"上帝创造了人，荷兰风车创造了陆地。"这句话生动地再现了荷兰人利用风车保护国家土地的历史。

暑假里，查尔斯大叔带着孩子们到海边度假，海风吹拂，带走了所有的暑气。

艾米丽陶醉地说："风啊，你尽情地吹吧！"

威廉转动着脑袋，突然看见一排排路灯上的风能发电装置，禁不住大声喊了起来："真不愧是旅游区，竟然如此与众不同，连路灯上都装了风扇，怪不得这么凉快！"

测测风的大小

你需要准备的材料：

☆ 一块塑料泡沫

☆ 一根干净的吸管

☆ 一张卡纸板

☆ 两枚大头针

☆ 一把剪刀

☆ 透明胶带

实验开始

① 用剪刀从塑料泡沫上剪下一个小球，比吸管口稍大些。然后用食指和拇指将其搓成一个能在吸管内自由滚动的小球；

② 在离吸管一端约1厘米处切出一个Ｖ形凹口，再剪一块泡沫塑料将凹口下面的吸管口堵住。然后在吸管另一端开口处的边上剪出一个小洞，以便在测较大的风时能让空气逸出；

③ 将吸管置于卡纸板的中心，凹口面朝外，将一枚大头针从凹口上端钉入固定吸管和卡纸板。把塑料泡沫球从吸管的另一端放入，并且在你为较大的风开的那个小洞下面用另一枚大头针固定吸管和卡纸板。最后用几条透明胶带将吸管在卡纸板上粘牢，风力计就做好了；

④ 在无风的时候将风力计放在户外，看看此时的塑料泡沫小球在底端是否静止不动。

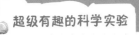

有趣的发现

当风来时，使吸管低处的V形开口朝向风吹来的方向，你会发现风速不同，泡沫塑料球被抬升至吸管中的高度也不同。要是风比较大的话，就用手指压住吸管顶端，这样球就不会上升得非常高，并且可以使空气从你在顶部附近切开的那个小洞跑出去。

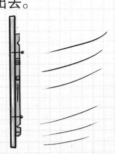

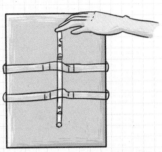

一阵阵风吹来，虽然身体感受不到它的变化，但是吸管中的小球还是被吹得忽高忽低，威廉和皮特忙着在卡纸上做记号。**威廉**恍然大悟地说："哇，原来看不见、摸不着的风，还可以用这种方法测出大小呀！"

查尔斯大叔说："风是由于相邻两地间的气压差而产生的。气压相差越大，空气流动越快，风速越大，风的力量自然也就越大。所以我们通常都是以风力来表示风的大小。风力的大小对我们生活的影响非常大。比如，风会影响运动员的跑步速度，从而影响比赛的公平和公正；狙击手在执行任务前也一定要测风速，人体感受不到的微风都可能使他们错失目标。"

皮特吐了吐舌头说："哇，原来测量风力大小真的很有用！"

现在，人们通常把风力的大小分为13个等级，但是陆地上很少会有超过12级的风。我们在听中央台的天气预报时，常常会听到"东南风3到4级"，这是指一天中的平均风力；"阵风8到9级"，这是指某个时段的最大风力。

门铃响了，**皮特**打开门，开心地大叫起来："老同学，很久没见了，今天是什么风把你给吹来了？"

威廉慢悠悠地说："据气象台今天上午7点发布的天气预报，今天白天到夜间，东南风转西北风，风力5到7级，阵风10级。"

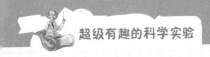
不会被大风吹跑的衣架

你需要准备的材料：

☆ 一把老虎钳

☆ 一根晾衣绳

☆ 一段废旧电线

☆ 一把剪刀

☆ 一些衣架

实验开始

① 把旧电线剪成十几厘米长的小段；

② 把小段电线首尾打结；

③ 把打结后的小段电线套在晾衣绳上；

④ 用老虎钳将电线在晾衣绳上拧紧，下部留下一个空，呈"8"字形；

⑤ 将衣架挂到"8"字的下半部。

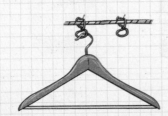

有趣的发现

衣架在晾衣绳上稳稳的，再大的风也不会把它们吹跑，衣服也不会聚到一起。

艾米丽拍着手笑道："妈妈一直为衣服往绳子中间聚而感到烦恼，这下我可以回去教她了，这方法真是既简单又方便。"

查尔斯大叔："衣服洗完后，在绳子上晾晒时，由于重力的原因，衣服会往绳子的中间聚，有时候风也会使它们紧紧地挤在一块儿。这样的话，衣服不仅不容易晾干，还容易起皱，晾衣绳也可能会由于中间承受的力量太大而绷断。我们利用旧电线将衣物分散固定在晾衣绳上，绳子所受的力很均匀，就不容易从中间断裂了。"

重力是指物体由于地球的引力而受到的力。人们常常认为地球的万有引力就是重力，其实这种说法并不科学。地球的自转运动可以看作近似匀速圆周运动作匀速圆周运动的需要向心力，在地球上，这个力由万有引力的一个指向地轴的一个分力提供，而万有引力的另一个分力就是重力。

为了让大家明白重力对我们的生活来说是多么重要，查尔斯大叔举了个例子。

查尔斯大叔："如果没有重力，人、动物以及物品等都会飘在空中。你会发现，饭菜不会老老实实地待在桌子上。水也是一样，如果想喝水，凑上去一张嘴就可以喝到。可是这样一来，那些鱼儿可就惨了，它们连家也没有了……"

威廉："这样一来，真的是太可怕了！"

越跑越慢的玩具小车

你需要准备的材料：

☆ 一个上发条的玩具小车

☆ 一张竹席

☆ 一块旧毛毯

☆ 一个秒表

☆ 一块瓷砖

实验开始

① 在瓷砖、竹席和旧毛毯上设定出相等的距离；

② 将玩具小车拧紧发条，使其在瓷砖上驶过设定的距离，记录时间；

③ 在竹席上重复步骤②；

④ 在旧毛毯上重复步骤②；

⑤ 比较三次记录的时间。

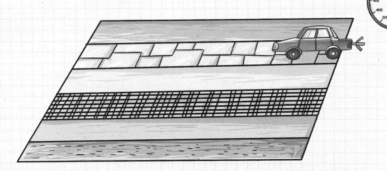

有趣的发现

　　三次的时间并不相同，小车在瓷砖上用的时间最少，竹席其次，在旧毛毯上用的时间最长。

瓷砖　　　　　　竹席　　　　　　毛毯

　　"小车三次通过时间不同的原因在哪里呢？"**查尔斯大叔**提示大家，"大家可以用手摸摸瓷砖、竹席和地毯，看看它们有什么不同。"

　　三个孩子争先恐后地用手感受，然后总结说："瓷砖最光滑，竹席其次，旧毛毯最粗糙。"**查尔斯大叔**点点头："原因就在这里。发条拧得很紧，它给小车的动力三次都是相同的，但小车在三种不同物体上驶过相等的距离所用的时间不同，因为它们表面的光滑度不同。物体在运动过程中，会与所接触的物体产生摩擦力，越粗糙的物体产生的摩擦力越大，对小车的阻力也就越大，小车驶过物体所用的时间也就越长。"

在我们的生活中，摩擦力随处可见，我们应该充分利用有益的摩擦力，减少有害的摩擦力。例如，我们可以在结冰的路面上铺些稻草或小石子，汽车在上面行驶时，就能够有效地防止轮胎打滑，避免交通事故；在鞋底做出些花纹，鞋底与地面的摩擦力就增大了，这样就不容易摔跤；在机器的齿轮间涂上润滑油，摩擦力可以减小，机器就能保持良好运转，同时还可以节约能源，等等。

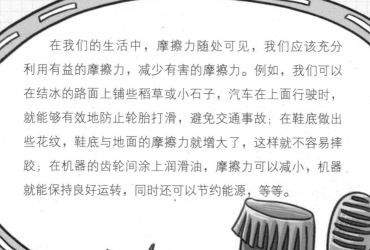

查尔斯大叔为了让大家更清楚地理解"力"的概念，就举了个例子："比如，现在让威廉去推停在外面的汽车，这涉及哪些力？"

皮特："重力、压力、摩擦力，还有……"

艾米丽："还有自不量力！"

一边健身，一边发电

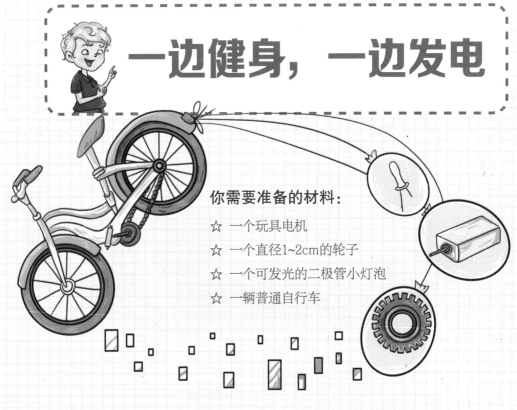

你需要准备的材料：

☆ 一个玩具电机

☆ 一个直径1~2cm的轮子

☆ 一个可发光的二极管小灯泡

☆ 一辆普通自行车

实验开始

❶ 把小轮子安装在电机的输出轴上；

❷ 把电机固定在自行车的车架上（夹着车轮的那个）；

❸ 让电机的小轮子靠在车外胎上；

❹ 将能发光的二极管小灯泡与电机相连；

❺ 用力蹬自行车。

有趣的发现

随着自行车轮的转动，小灯泡开始亮了起来。

皮特眨了眨眼睛，怪叫着问："这也是一种新能源吗？人的体能？"

查尔斯大叔笑了，给他头上来了个轻轻的"爆栗子"："调皮鬼！你用力蹬自行车，链条转动，就产生了机械能。玩具电机，也就是我们平常说的赛车的马达，被车轮带动高速运转，就变成了发电机，从而产生了电能。发出来的电给电池充电，再由电池把马达发出的电储存起来，这样，小灯泡就亮了。但是要注意的是，用马达给电池充电，必须将它们隔离开关，防止电池里的电倒流。隔离开关用一个几分钱一只的二极管就可以了。"

艾米丽高兴地说："太好了，我回家就给我爸爸的健身自行车装上一个电动机，他是个大力士，得买个大点的才行。"

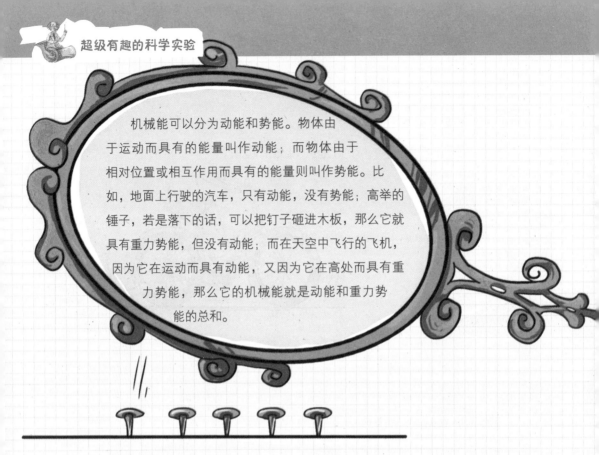

机械能可以分为动能和势能。物体由于运动而具有的能量叫作动能；而物体由于相对位置或相互作用而具有的能量则叫作势能。比如，地面上行驶的汽车，只有动能，没有势能；高举的锤子，若是落下的话，可以把钉子砸进木板，那么它就具有重力势能，但没有动能；而在天空中飞行的飞机，因为它在运动而具有动能，又因为它在高处而具有重力势能，那么它的机械能就是动能和重力势能的总和。

　　皮特自己安装了一辆带发电机的自行车，这天风和日丽，他约了两个好朋友到小山坡试骑。为了让电池多充点电，他从山坡上飞快地骑了下来，不料最后刹车过猛，竟然一下子摔倒了。威廉惊叫起来："他怎么了？怎么会一下子摔倒呢？"

太阳能小飞机

你需要准备的材料：

☆ 太阳能电池板和配套电动机

☆ 一节可充电电池

☆ 一根细铁丝

☆ 一段废弃的圆珠笔芯

☆ 一段电线

☆ 一张锡纸

☆ 一管百得胶

☆ 一把剪刀

☆ 一个开关按钮

实验开始

❶ 用锡纸做一架小飞机；

❷ 将圆珠笔芯固定在电动机的转轴上；

❸ 将细铁丝弯成90度，长的一端粘上用锡纸做的飞机，短的一端插入电动机转轴上的笔芯；

❹ 用电线将太阳能电池板、电动机和可充电电池连接起来，并装上开关。

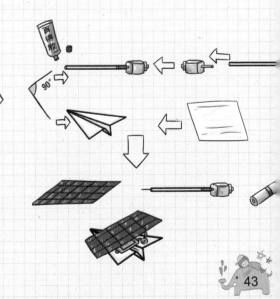

当这套设备放在强烈的太阳光下一会儿之后，小飞机就开始转动起来。过一段时间之后，就算没有阳光，只要打开开关，小飞机依然可以飞。

阳光

皮特拍着手说："真好玩！比我的遥控飞机还有趣。"

查尔斯大叔笑着说："是因为自己动手让飞机飞起来的关系吧？其实真正让飞机飞起来的是太阳能。太阳光的能量可以通过太阳能电池板直接转化为电能，供小飞机飞行，多余的能量则储存在可充电电池里。太阳能发电的另一种形式是光热发电，即通过收集太阳光的热量进行发电。太阳能是清洁的可再生能源，它储量丰富，既可以免费使用，又无须运输费用，所以是目前国际上大力开发推广的一种新型能源。"

提起太阳能，人们往往想到的是太阳的光和热，但事实上，太阳能的范畴远远不止这些。地球上的化石燃料，如石油、煤炭、天然气等，都是远古生物储存下来的太阳能，而现在大力利用的水能、风能和潮汐能等，也都来源于太阳能。

海边，烈日下，查尔斯大叔四肢摊开，躺在沙滩上。

"看，他在干什么？"艾米丽问，"是在晒小麦肤色吗？"

"他本身就比小麦颜色深啦。再说，干吗还穿着衣服？走，过去看看。"皮特说。

三个孩子走近一看，查尔斯大叔身上穿了一件白色T恤，胸前镂空了两个大字：中国。

威廉若有所思地说："我想我又知道了一种太阳能的新用途——文身，而且还不会痛。"

奇迹——用水点燃火柴

你需要准备的材料：

☆ 一根铁丝

☆ 一张透明塑料薄膜

☆ 一杯清水

☆ 火柴

实验开始

① 将铁丝弯成一个圆圈；

② 在圆圈上蒙上塑料薄膜；

③ 将半杯清水倒在塑料薄膜上；

④ 正午时分,将圆圈放在太阳下；

⑤ 把火柴放在薄膜聚成的亮点之下。

⑥ 往塑料薄膜上倒水，观察火柴的变化。

阳光

塑料薄膜倒上水后，由于受到水的压力作用，会慢慢凹下去，阳光透过水和薄膜聚于一点，火柴放在该点上之后不一会儿就被点燃了。

皮特撇了撇嘴说："这不就是用放大镜生火吗？我还以为真的能用水生火呢！"

艾米丽问："那么怎样区别凸透镜和凹面镜呢？"

查尔斯大叔："很简单，凸透镜是由两面磨成球面的透明镜体组成的，如放大镜、老花镜等；而凹面镜是由一面是凹面而另一面为不透明的镜体组成的，如近视镜等。"

光的反射与折射是很多小朋友容易搞混的问题。光的反射现象是指光线射到物体表面，方向发生改变后返回原介质继续传播的现象，比如我们平时经常用小镜子把太阳光反射到墙面上，这就是光的反射；而当光从一种介质射入另一种介质时，光的传播方向会发生改变，这就是光的折射，比如我们把筷子插入装满水的杯子中，筷子看起来好像变弯了，这就是光的折射。

屋外骄阳似火，威廉趴在太阳底下满头大汗。

"你在干什么？"**艾米丽**走过来问。

"嘘，别说话，我偷了查尔斯大叔的老花镜，看看能不能把火柴点着。可是怎么这么长时间还没点燃呢？是不是火柴过期了？"

这时，屋里传来**查尔斯大叔**的叫喊声："糟了，我帮儿子配的近视镜怎么不见了？肯定是早上落在公交车上了。这可怎么办呀？"

黑与白的较量

你需要准备的材料：

☆ 一黑、一白两个玻璃制成的烛台

☆ 两支蜡烛

实验开始

❶ 把两支蜡烛分别插入两个烛台中；

❷ 晴天时把两个烛台并排放在窗台上。

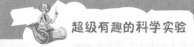

有趣的发现

一天过后，白色烛台上插的蜡烛几乎没有变化，而黑色烛台上的蜡烛却弯下了腰，并且是向着太阳的方向。

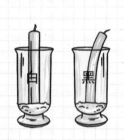

"哈哈。"**皮特**笑着喊道，"蜡烛鞠躬了！"

查尔斯大叔问："你知道其中的道理吗？"

皮特回答："这还不简单？是因为蜡烛吸收了太阳的热量，被晒软了呗。"

艾米丽歪着脑袋问："两支蜡烛光照的时间是一样的，为什么白烛台上的蜡烛没有弯腰呢？"

"我知道，一定是烛台颜色不同的缘故。"**威廉**抢着回答。

查尔斯大叔赞许地点了点头说："物体接受太阳光的多少，是由它的明亮程度和颜色决定的。白烛台因为是白色的，吸收能力差，所以其储存的热量少；而黑烛台是黑色的，而黑色吸收能力非常强，几乎吸收了所有的阳光和热量，再加上玻璃的导热性能不佳，不能及时将热量传递出去，从而导致蜡烛变软、弯腰。"

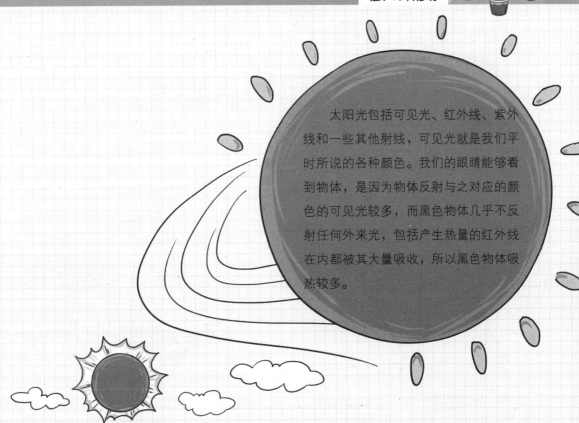

太阳光包括可见光、红外线、紫外线和一些其他射线，可见光就是我们平时所说的各种颜色。我们的眼睛能够看到物体，是因为物体反射与之对应的颜色的可见光较多，而黑色物体几乎不反射任何外来光，包括产生热量的红外线在内都被其大量吸收，所以黑色物体吸热较多。

大家去旅游。正午时分，烈日当空，**威廉**一边擦汗，一边抱怨："这鬼天气，怎么这么热？"

皮特看了他一眼，说："谁叫你穿黑色T恤？不知道黑色吸热呀？"

"那你看查尔斯大叔，他穿的白衬衫，不是比我出的汗还多？"

"那是因为他长得黑，也吸热。"

美丽的小彩虹

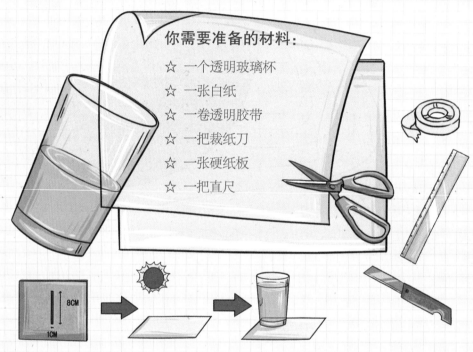

你需要准备的材料：

☆ 一个透明玻璃杯

☆ 一张白纸

☆ 一卷透明胶带

☆ 一把裁纸刀

☆ 一张硬纸板

☆ 一把直尺

① 在硬纸板中心裁出一个长8厘米、宽1厘米左右的窄缝；

② 把白纸平放在有阳光的地上；

③ 把装满清水的玻璃杯放在白纸上；

④ 用透明胶把硬纸板竖着粘在玻璃杯外壁上；

⑤ 转动玻璃杯，调整窄缝的位置，使阳光只能从窄缝中透过，并穿过玻璃杯，投射到白纸上。

有趣的发现

白纸上出现了一道美丽的小彩虹！

"大家知道，阳光是由七种颜色的光组成的。在一般情况下，这七种光混合在一起，我们的肉眼是分辨不出来的。我们在这个实验中，首先利用小窄缝，让少量的阳光透过来，然后再透过玻璃杯和水，使这些光发生折射。因为不同颜色的光的折射率不同，所以阳光中的七种颜色就被分离开来了。"**查尔斯大叔**说。

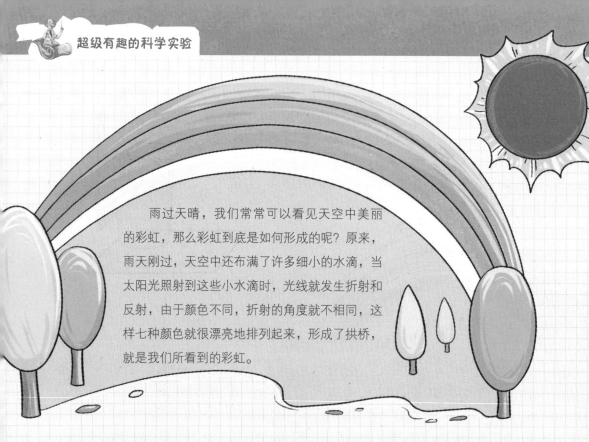

雨过天晴，我们常常可以看见天空中美丽的彩虹，那么彩虹到底是如何形成的呢？原来，雨天刚过，天空中还布满了许多细小的水滴，当太阳光照射到这些小水滴时，光线就发生折射和反射，由于颜色不同，折射的角度就不相同，这样七种颜色就很漂亮地排列起来，形成了拱桥，就是我们所看到的彩虹。

威廉："艾米丽，你往脸上抹那么多油彩做什么？"

艾米丽："我们班要排演话剧，老师让我扮演彩虹姑娘。"

威廉："啊？脸上花花绿绿的，都成大花脸了。我看看够不够七种颜色？"

能透视的毛玻璃

你需要准备的材料：

☆ 一卷透明胶带
☆ 一块毛玻璃
☆ 一把剪刀

实验开始

① 用剪刀剪下几条透明胶带；

② 把透明胶带依次贴在毛玻璃上，用手细细抚平；

③ 透过胶带看前方的物体。

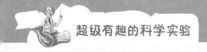

有趣的发现

透过毛玻璃看前方的物体，物体模糊不清；但贴上透明胶带后，再透过毛玻璃看前方的物体，就会看得非常清楚。

威廉： "是什么改变了毛玻璃呢？"

查尔斯大叔： "毛玻璃和其他普通玻璃的区别就在于它的表面比较粗糙，凹凸不平。当光线照射到毛玻璃粗糙不平的表面上时，它会将光线向四面八方散射出去，所以我们看不到清晰的景象。当贴上透明胶带后，毛玻璃表面小的坑坑洼洼就被透明胶带填平了，毛玻璃就变成了一块平板玻璃，这样就能透过它看清前面的物体了。人们在下雨天，透过沾满雨水的毛玻璃可以更清楚地看见前方物体，也是这个道理。"

物质中存在的不均匀团块使进入物质的光偏离入射方向而向四面八方散开，这种现象称为光的散射。当太阳光射入大气层时也会受到大气分子散射。因为波长越短的光越容易受到散射，所以波长较短的蓝光被散射得多一些，这就是天空看起来是蔚蓝色的原因。

威廉："皮特，你在艾米丽的窗户上偷偷摸摸干啥呢？"

皮特："嘘，别吵。我闻到艾米丽的房间里有一股烤鸡腿的香味，她一定又在偷偷吃东西了。我看看她把鸡腿藏在哪里了。"

威廉："那你在毛玻璃上贴胶带或者沾水了吗？"

皮特："没时间了，我就在上面抹了点口水。"

自制小照相机

你需要准备的材料:

☆ 两张硬纸板

☆ 一把剪刀

☆ 一瓶胶水

☆ 一把锥子

☆ 一张半透明的塑料薄膜

☆ 一张黑纸

 **实验开始**

❶ 用硬纸板做两个可以套在一起的圆筒;

❷ 把塑料薄膜蒙在内筒的前端;

❸ 把黑纸蒙在外筒的前端,并在中间用锥子戳一个直径约1毫米的小洞;

❹ 把小洞对着屋子外面明亮的物体,看看塑料薄膜上会出现什么。

有趣的发现

塑料薄膜上会显现出物体倒立的图像。前后拉动内筒，图像的大小和明暗也会随之变化。

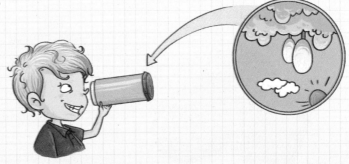

"咦，这好像照相机呀！装上胶卷的话，就可以拍照了吧？" **皮特**喊了起来。

"哇！真了不起！" **威廉**和**艾米丽**发出了一阵阵由衷的感叹。

"对，这就是一个简易的小照相机。" **查尔斯大叔**说，"光是沿直线传播的。当光线从小孔射入时，就会射在与光源相反的位置上，这样在屏幕上就会形成一个倒立的实像，这就是小孔成像原理。2400多年前，我国著名学者墨子和他的学生就完成了世界上第一个小孔成像的实验，并给出了科学的解释。"

照相机的基本原理就是小孔成像原理。照相机的镜头是一个凸透镜，我们所要拍摄的物体发出的光经过凸透镜后，会在胶卷上形成一个缩小、倒立的实像。胶卷上的感光物质把这个实像记录下来，印到底片上就成了照片。

皮特陪威廉去取照片。照片刚洗出来，**皮特**就一把抢过来，刚看了一眼，他就惊叫起来："威廉，你怎么照得像只猴子？"这时，旁边一个人伸手拿过照片，冷冷地说："这是我的照片，你们的还没洗出来。"

神奇的潜望镜

你需要准备的材料:

☆ 四张硬卡纸

☆ 两面小镜子

☆ 一把剪刀

☆ 一把小刀

☆ 一卷透明胶带

 实验开始

❶ 用硬卡纸做两个直角弯头的圆筒,直径略大于小镜子;

❷ 在两个纸筒的直角处各开45°的斜角;

❸ 把两个小镜子相对插入所开的斜角,用透明胶固定好;

❹ 把两个直筒套在一起。

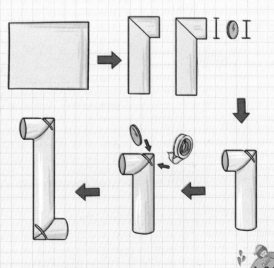

有趣的发现

从下方的镜子里可以看到上方的物体。

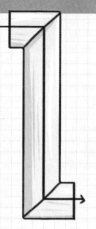

"这个原理应该不难，谁先来说说看？"**查尔斯大叔**问三个孩子，"想一想我们前面说过的光的传播。"

皮特突然想了起来："我知道了，这是利用了光的反射原理。"

"能具体说说看吗？"**查尔斯大叔**鼓励地看着他。

皮特："上面的镜子照出上方的景象，然后通过反射把镜中的景象映到下面的镜子中，下面的镜子再把图像反射到我们的眼睛里，这样，我们就可以看见上方的景象了，是吗？"

"对，简单地说，潜望镜就是利用平面镜的二次反射制成的。"**查尔斯大叔**竖起了大拇指。

大家知道对人类而言，光的最大反射发生在哪里吗？是月球。因为月球本身是不发光的星体，当太阳光照射在它上面时，它把太阳光的一部分反射回来，所以我们看到的月亮好像也能发光。

艾米丽："皮特，你给我做的潜望镜一点都不好，根本看不到演唱会现场的舞台，赔我的门票钱！"

皮特："怎么可能？我在家里试过了才给你的，很好用啊！"

艾米丽："我看到的全是人头！"

皮特："啊？那要怪你的个子太矮了吧！"

自制湿度计

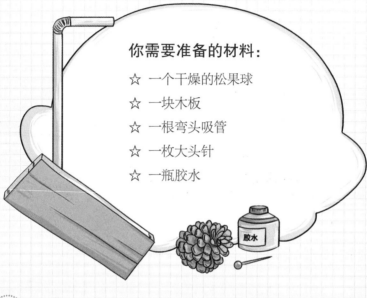

你需要准备的材料：

☆ 一个干燥的松果球

☆ 一块木板

☆ 一根弯头吸管

☆ 一枚大头针

☆ 一瓶胶水

实验开始

① 用胶水将松果球固定在木板上；

② 把大头针插入松果的一片鳞片中；

③ 在大头针的外面套上弯头吸管；

④ 把木板放在室外淋不到雨的地方。

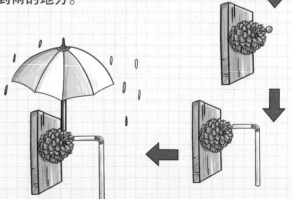

有趣的发现

吸管会随着天气的变化而移动，尤其在下雨前后，变化十分明显。

“这是物体的热胀冷缩原理吗？”**艾米丽**问。

查尔斯大叔摇摇头说：“这几天的气温并没有很大的变化。你们发现了没有？其实是空气的湿度发生了变化。空气干燥时，松果球缩紧了鳞片，以保护它里面的种子，吸管的位置也随之下降；而下雨时，空气湿度增大，松果的表面就开始吸收水分，膨胀起来，吸管的位置也就上升了。”

“哦，原来这是‘湿胀干缩’呀！”**皮特**做了个鬼脸，大家都笑了。

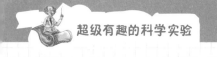

在太阳光的照射下，地球表面的水会慢慢蒸发到空中。大气中含有大量的水蒸气，有一部分会以雨、雪的形式降落到地面，但是大部分的水蒸气还停留在空中，所以科学家们正致力于研究如何从空气中提取水分。法国一家公司生产的小型风机可以利用风能同时进行发电和制水，如果技术成熟，就可以在沙漠等干旱地区加以推广。

皮特："哇……哇……哇……"

威廉："皮特，你疯了吗？深更半夜大喊大叫地干什么？"

皮特："我在祈雨呢，都这么多天没下雨了。不是说声波也能聚集空气中的水分，形成水滴吗？"

威廉："我看你还是把龙王喊醒，让他赶快降雨吧！"

天然氧吧

你需要准备的材料：

☆ 一个大玻璃罐

☆ 三个木夹子

☆ 几根水藻

☆ 一根玻璃管

☆ 一个漏斗

☆ 一盒火柴

实验开始

1 把水藻放进大玻璃罐内，注满清水，放在阳光下；

2 用三个木头夹子夹住漏斗大端口，然后倒扣在水藻上方；

3 将玻璃管套在漏斗的小端口处；

4 片刻之后，将玻璃管移开，并用大拇指堵住玻璃管的管口；

5 点燃火柴，吹灭后，将带有火星的火柴迅速扔进玻璃管。

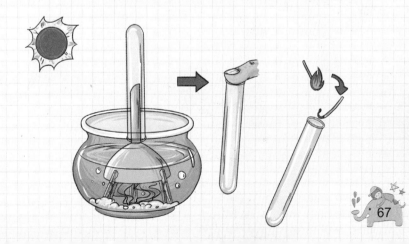

有趣的发现

　　水藻在阳光下会产生气泡，气泡通过漏斗进入玻璃管，将带有火星的火柴扔进玻璃管后，火柴会立即重新燃烧起来。

　　"看，水里的这些气泡就是氧气。"**查尔斯大叔**说，"植物在阳光下可以进行光合作用，它们通过体内的叶绿素，利用光能将二氧化碳和水转化成储存能量的有机物，同时释放出氧气。植物通过光合作用，为人类提供食物和能源，我们现在使用的煤炭、石油和天然气等燃料，就是远古植物通过光合作用储存起来的。我们一刻也无法离开的氧气，在绿色植物出现之前，地球上是没有氧气的。"

　　"怪不得人们常把森林、草原和植被较多的公园比作天然氧吧呢。"**艾米丽**接口说道。

天然氧吧

植物通过光合作用获取能量，那么人类是否也能像植物一样，用清洁、简便、高效的方式从自然界获取能量呢？这可不是说梦话，经过科学家们的不懈努力，这个梦想实现的可能性越来越大了。2009年，美国加州大学的科学家发现了一种特殊催化剂，使人造光合作用取得了重大进展，人类变身"植物人"或许有一天真的能实现呢。

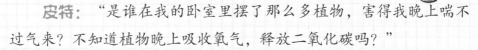

皮特： "是谁在我的卧室里摆了那么多植物，害得我晚上喘不过气来？不知道植物晚上吸收氧气，释放二氧化碳吗？"

艾米丽： "可是我放的是吊兰、仙人掌和芦荟呀，它们不都是晚上释放氧气的多肉类植物吗？"

威廉： "皮特，我明明听见你晚上睡觉大喊'僵尸'，你大概是白天植物大战僵尸玩多了，所以做噩梦了吧？"

皮特： "……"

是谁熄灭了蜡烛

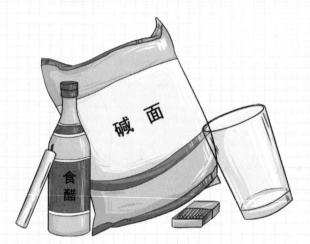

你需要准备的材料：

☆ 一个玻璃杯
☆ 少许碱面
☆ 少许食醋
☆ 一盒火柴
☆ 一支蜡烛

① 把蜡烛平稳地放在玻璃杯底部；
② 在玻璃杯底部、蜡烛的周围铺上一层碱面；
③ 点燃蜡烛；
④ 将食醋沿玻璃杯壁缓慢地倒入杯中。

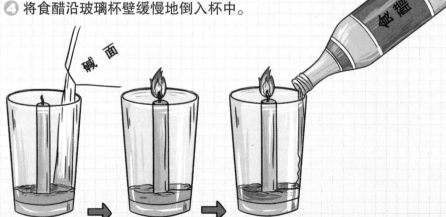

碱面上有气泡产生，碱面不断减少，片刻后，蜡烛熄灭。

"没有人吹蜡烛，蜡烛怎么会自己熄灭呢？"威廉挠着头皮，小声地嘀咕。

"一定是那些小气泡搞的鬼。"艾米丽肯定地说。

"可是在上一个实验中，氧气不是帮助燃烧的吗？"威廉反问道。

"这可不是氧气，"查尔斯大叔说，"我们看到的这些气泡是气体中的另一个成员——二氧化碳。碱面的主要成分是碳酸钠，它与食醋里含有的醋酸发生化学反应后，会产生二氧化碳。二氧化碳比空气重，就会慢慢上升，而且二氧化碳不能燃烧，所以蜡烛就熄灭了。人们利用二氧化碳的这个特性，制成了我们常用的灭火器。"

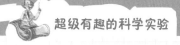

提起二氧化碳，我们会立刻想到它是地球温室效应的"元凶"，但它在我们的生活、生产中有着很广泛的用途。二氧化碳冷凝后会变成固态，也就是我们常说的"干冰"，干冰可以用来灭火，还可以用于清洗汽车、模具、机器等。与传统的水洗和化学清洗相比，干冰的清洗能力更强，而且可以避免造成二次污染，对物体的损害程度也小得多。

实验室里，查尔斯大叔正在带着大家做实验，威廉不小心碰倒了酒精灯，他忙用嘴对着酒精灯吹气，不料"轰"的一声，火苗蹿得老高，差点烧了威廉的眉毛。查尔斯大叔赶紧用盖子把酒精灯盖住，才把火熄灭。

查尔斯大叔："怎么能用嘴对着酒精灯吹气呢？幸好瓶里酒精不多，否则多危险。"

威廉委屈地说："不是说二氧化碳能灭火吗？"

仙人掌电池

你需要准备的材料：

☆ 三盆单头仙人球
☆ 三枚干净的硬币
☆ 三块小铝片
☆ 四根带夹子的导线
☆ 一把小刀
☆ 一个可发光的二极管小灯泡

❶ 将小铝片插入仙人球的一边；

❷ 用小刀在仙人球的另一边切开一个小口，将硬币嵌进一半左右；

❸ 将一个仙人球上的铝片与另一个仙人球上的硬币用带夹子的导线连接起来，以此类推，将三个仙人球上的所有铝片和硬币都连接起来；

❹ 将可发光的二极管小灯泡的正极与第一个仙人球上的硬币相连，负极与最后一个仙人球上的铝片相连；

❺ 将整套设备放在阳光下。

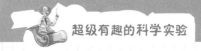

有趣的发现

过了一会儿，二极管小灯泡开始发亮。

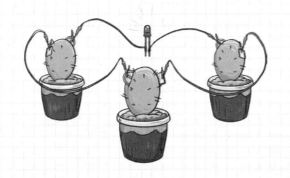

$H_2O \rightarrow H_2$

O_2

"这是植物把太阳能转化成了电能！" **皮特**抢先喊了出来。

查尔斯大叔笑着点点头问："但植物是怎么做到的呢？"

"这个……" **皮特**挠挠头，不好意思地笑了。

"植物在光合作用时，体内的叶绿素不仅能把水分解为氢和氧，而且还能把氢分解为带正电荷的氢离子和带负电荷的电子。此时，植物体内就会有电流产生，人们如果能把这些电流收集并储存起来，就可以使用了。太阳能受天气的影响较大，并且太阳能电池板成本过高，而植物发电则没有这些局限性。当然，植物产生的电也是一种清洁、毫无污染的能源，所以科学家们觉得植物发电很有前景。" **查尔斯大叔**解释道。

印度有一种带电的树，如果人们用手触碰它的枝条，就会立刻有被电击的感觉。它体内所带的电量会随着时间的改变而改变：中午最多，晚上最少或者不带电。科学家们认为，这可能与太阳的光照有关。如果可以解开它发电和蓄电的秘密，我们或许就可以根据它的发电原理，制造出新型的发电机来。

　　晚饭后，查尔斯大叔和三个孩子沿着街边散步。皮特无意间用手碰到了一种开红花的树的树干，突然惊叫起来："哇，我们中国也有带电的树。我一碰它的树干，它就浑身颤抖，像触电一样。"

　　"呃……我看，那是你带电吧。"**艾米丽**慢吞吞地说。

　　查尔斯大叔仔细一看，禁不住哈哈大笑起来："那是紫薇树，用手碰它的树干，它就会浑身发抖，像被挠了痒痒一样，所以又叫痒痒树。"

制作小水车

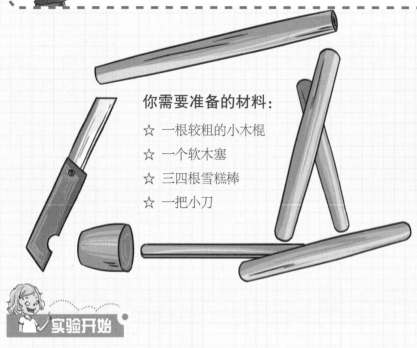

你需要准备的材料：

☆ 一根较粗的小木棍

☆ 一个软木塞

☆ 三四根雪糕棒

☆ 一把小刀

实验开始

❶ 将雪糕棒从中间掰断，并将断口的一头削尖；

❷ 将软木塞插到小木棍的一头上；

❸ 把削尖的雪糕棒均匀地插进软木塞，小水车就做好了；

❹ 把制作好的小水车放在水龙头下，打开水阀。

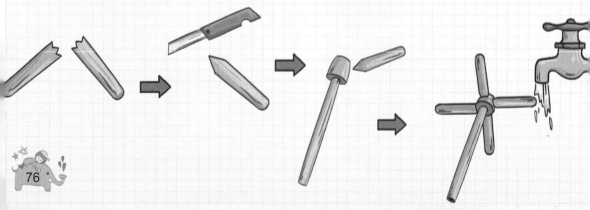

有趣的发现

水落到小水车的"叶片"上，水车就开始转动起来；并且随着水流的加大，小水车的转速也越来越快。

"我们已经知道了运动的物体具有动能，水车在转动，那么它具有动能。但是它的动能是从哪里来的呢？"

"我知道，是水给它的。"**艾米丽**抢着说。

查尔斯大叔赞许地点点头说："你们看，水在高处，具有重力势能，当它落到水车上时，这种势能就转化成了动能，如果水流不断地给水车'叶片'以动能的话，'叶片'就可以不断地带动整个水车持续转动。此时若是将发电机连接到水车上，发电机就可以开始发电，那么动能就又转化成了电能。水流的落差越大，具有的势能就越大，可转换的电能也就越大。水力发电站正是利用这个原理进行发电的。"

水车是一种古老的灌溉工具，早在1700多年前，我国人民就利用水车来灌溉农田了。它是当时农民的得力助手，也是中国的伟大发明之一。

查尔斯大叔："我要开始做实验了，这期间不要打扰我。"

（过了一会儿）

威廉："查尔斯大叔，水龙头漏水了，怎么办？"

查尔斯大叔："不是漏水！把水龙头关严就没事了。不要打扰我。"

（又过了一会儿）

威廉："查尔斯大叔，你的手机响了。"

查尔斯大叔："不可能，做实验的时候我都会关机的。"

威廉："大概是你没关好吧。"

风车提升重物

你需要准备的材料：

☆ 一张卡纸

☆ 一把剪刀

☆ 一个废弃的矿泉水瓶

☆ 一些细沙

☆ 一根小木棍

☆ 一把扇子

☆ 一根细线

☆ 一个火柴盒

实验开始

① 首先找妈妈帮忙，按照本书第28页的方法做一个风车；

② 在矿泉水瓶中装入1/3左右的细沙，在距离瓶口6厘米或7厘米的地方对穿两个小孔，把风车插入小孔中；

③ 在风车的另一端系上细线，将装有细沙的火柴盒系在细线的末端；

④ 用扇子对着风车扇风。

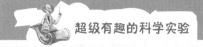

有趣的发现

火柴盒会慢慢地升起来。

皮特看到后，立即大喊起来："难道火柴盒也会飞吗？"

威廉则说："火柴盒怎么可能飞呢？我从来没看见家里的火柴盒飞过。"

查尔斯大叔听到两个孩子的对话后，笑了："傻孩子，火柴盒当然不会飞了。实际上，这是风在起作用。当我们对着风车扇风的时候，这些风的能量就会促使风车做功，然后就将风能转化成了动能，使装着沙子的火柴盒提升起来了。发展和利用风能，如同发展和利用核能、太阳能、地热能一样，已成为一个'热门'领域。随着科学技术的发展，风会被更加充分地利用起来，更好地为我们生活的各个方面服务。"

你知道在没有电力和石油的年代，古人是怎么利用风来为自己发电的吗？在古代，风力是一种非常重要的能源。人们最早利用风能是通过波斯人发明的一种风车。12世纪的时候，这种风车传到了欧洲。最开始，人们主要是利用风车来提水灌溉，后来，则利用风车来磨粉。最早的风车的车轴是垂直而立的，传入欧洲后，风车又被进一步完善了。人们将车轴水平地安置，车翼用帆布或木板制成，可以按照风向来调整其方向，这样就可以更加有效地利用风能，从而更好地为人类服务。

在海边，**皮特**为大海的雄伟壮阔而深深陶醉，更为徐徐的海风吹过脸庞而惬意。他振臂疾呼：

"啊！海风，正因为有你，才让我看到了雪白的浪花，真是太可爱了……"

这时，威廉也展开双臂，任凭海风吹动他的衣裳。

之后，两个人又开始在海边来回奔跑、逐浪、拾贝壳……

从海水中提取盐

你需要准备的材料:

☆ 一个蒸发皿
☆ 一盏酒精灯
☆ 一个三脚架
☆ 一张石棉网
☆ 一杯海水

实验开始

1. 把海水放入蒸发皿中;
2. 把蒸发皿放在垫有石棉网的三脚架上;
3. 用酒精灯加热蒸发皿,直至里面的海水蒸干。

有趣的发现

蒸发皿中剩下了一些白色的粉末状物质，用舌头尝一尝，又苦又咸。

白色粉末

查尔斯大叔蘸起一点白色粉末问："大家知道这是什么吗？"**皮特**抢着说："我知道，是盐。"**查尔斯大叔**说："不完全正确。海水中除了90%的氯化钠，即食盐外，还有10%的其他矿物质，如镁、钾等。正是这些物质造成了海水的苦涩，这也是海水与江河水之间的主要差别。目前日本、美国、以色列以及我国都在研究试验怎样利用河口海域咸淡水之间的盐度差异来发电，将化学能转化为电能。"

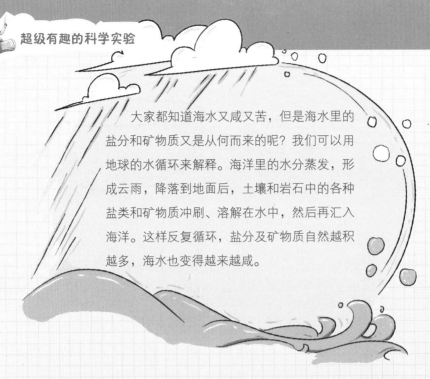

大家都知道海水又咸又苦，但是海水里的盐分和矿物质又是从何而来的呢？我们可以用地球的水循环来解释。海洋里的水分蒸发，形成云雨，降落到地面后，土壤和岩石中的各种盐类和矿物质冲刷、溶解在水中，然后再汇入海洋。这样反复循环，盐分及矿物质自然越积越多，海水也变得越来越咸。

查尔斯大叔："今天晚上的菜味道不错，是谁做的？就是汤喝起来有点怪怪的。"

皮特："是我做的。最后做汤的时候才发现盐用光了，我就用了我们做实验剩下来的海水。"

威廉："哇……那是我在海边游泳池里弄来的！"

艾米丽："怪不得有股汗味，还有臭脚丫的味道！"

查尔斯大叔："我三岁的侄子说他还在池子里撒了泡尿！"

大波浪带不走小乒乓球

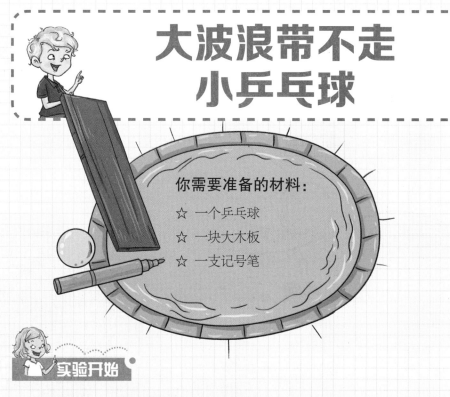

你需要准备的材料：

☆ 一个乒乓球

☆ 一块大木板

☆ 一支记号笔

实验开始

❶ 找一个大水池，最好是游泳池；

❷ 在水池的中间部位用记号笔做上记号；

❸ 用木板在水池里用力搅动，模拟海浪的样子。制造的波浪要尽量均匀；

❹ 把乒乓球放在水池中间；

❺ 观察乒乓球的运动。

均匀搅动

中间

有趣的发现

乒乓球在水中随着波浪上下颠簸，左右摇摆，做往复运动。当波浪打来时，乒乓球被向上托起，并随着波浪向前移动一段距离；但当波浪过去时，乒乓球就会被抛下来，并回到原来的位置。

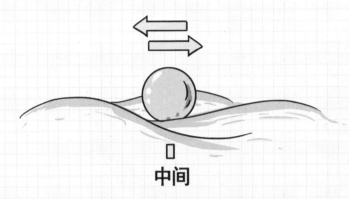

中间

"是不是和大家想象的很不一样？"查尔斯大叔问。

孩子们不停点头。威廉说："明明波浪很大，还能冲击到池边，怎么那么小、那么轻的乒乓球却不会移动位置呢？"

查尔斯大叔说："这要从波浪的形成说起。海浪是由海水的上下震动而形成的，是纵波，属于重力波的一种，所以乒乓球并不会随着水波而移动。"

海水的潮涨潮落是由于日月引潮力的作用而形成的，"惊涛拍岸"可以显见海水蕴含着多么巨大的能量。所以海洋作为一种古老而又新型的能源，其越来越多的功能正在被开发和利用，例如海流能发电、温差能和盐差能发电等。

海边，沙滩上。威廉悠闲地晒着太阳。**艾米丽**冲了过来，焦急地喊："威廉，快帮帮忙，我的鞋子被冲到海里去了！"

威廉喝了口饮料，慢悠悠地说："急什么？查尔斯大叔不是说过，海浪是做往复运动的吗？一会儿它就会把你的鞋子冲到岸上了。"

艾米丽大喊："可现在是退潮呀！"

盐水电池

你需要准备的材料：

☆ 固定在塑料板上的碳棒

☆ 一个锌片

☆ 一个盛有清水的烧杯

☆ 带夹子的小灯泡

☆ 一个勺子

☆ 一杯盐

☆ 带有夹子的灯泡

实验开始

❶ 把灯泡上的两个夹子分别夹在锌片和碳棒上，放进盛有清水的烧杯中；

❷ 在清水中加入盐，搅拌成盐水，观察灯泡亮不亮。

有趣的发现

在清水中灯泡不亮，加入盐之后灯泡最终变亮。

"这神奇的盐水哦，为什么只有盐水才能让灯泡亮呢？"**皮特**问。

查尔斯大叔笑了："食盐水发生电解，溶液中的正（Na^+）、负（Cl^-）离子分别向电极的负极和正极移动。这样就在碳棒和锌片之间产生了较高的电势差，因而灯泡就亮了。"

电池是指把化学能或者光能转变为电能的装置。电池主要有化学电池、太阳能电池和原子能电池。随着科技的进步，电池泛指能产生电能的小型装置，如太阳能电池。电池作为能量来源，具有稳定电压、电流、长时间稳定供电，受外界影响小的优点。此外，电池结构简单，携带方便，充放电操作简便易行，性能稳定可靠，在现代社会生活中的各个方面发挥着重要的作用，在电能使用中占有很大比例。

皮特："那么我们换成其他的物质能不能使灯泡发光呢？"

查尔斯大叔："比如说什么物质呢？"

皮特："比如说，糖啊！"

查尔斯大叔："光说没用，你可以自己动手实验。"

糖

水中滑翔机

你需要准备的材料：

☆ 一张薄铝片
☆ 一枚曲别针
☆ 一把剪刀
☆ 一盆水

实验开始

1 首先请妈妈帮忙用剪刀将薄铝片剪成一架小飞机的形状；

2 以机身为轴，两边稍微向上弯成凹形；

3 将曲别针夹在飞机的头部，小飞机就做成了；

4 将小飞机放在水中。

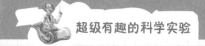

超级有趣的科学实验

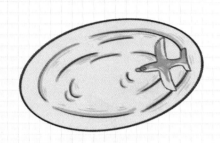

将小飞机放在装满水的盆中，如果调节得好，小飞机可以从一边"起飞"，一直滑翔到另一边而不会沉入水中。

威廉看到这个现象后，立即大声说道："哇，太神奇了，飞机还可以在水中滑翔呢！"

这时，查尔斯大叔看着他们说："大家一定见过空中的滑翔机了，是不是觉得非常壮观。今天给你们看了水中的滑翔机，是不是也很厉害呢？那我现在问你们几个问题，你们知道怎么制薄铝片吗？怎么能让这个实验效果更好？为什么飞机能在水中滑翔？"

威廉说道：不知道！"

查尔斯大叔："我们喝的罐装的可口可乐的罐子就是铝制的；如果将飞机做得平衡性好一些，实验效果就会更好；而水和空气一样，都属于流体，所以它们有很多相似的力学性质，所以飞机能够在水中滑翔。"

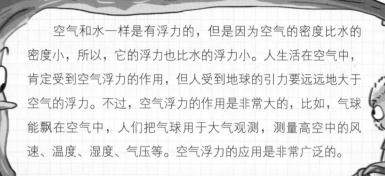

空气和水一样是有浮力的，但是因为空气的密度比水的密度小，所以，它的浮力也比水的浮力小。人生活在空气中，肯定受到空气浮力的作用，但人受到地球的引力要远远地大于空气的浮力。不过，空气浮力的作用是非常大的，比如，气球能飘在空气中，人们把气球用于大气观测，测量高空中的风速、温度、湿度、气压等。空气浮力的应用是非常广泛的。

威廉和**皮特**以及**艾米丽**三个人到公园游玩，看到有人卖氢气球，周围围了很多人。皮特也立即跑过去……终于，他手中拿着三个气球兴高采烈地跑回来。可是，他看到有人玩过山车，一时间高兴，竟然忘记了手中有气球，撒手之后，气球飞上了天。他抬头望着气球，很是不解："气球为什么会飞走呢？"

会跳高的磁铁

你需要准备的材料：

☆ 两个尺寸相同、磁性较强的永磁环（可以找父母帮忙从废旧喇叭上拆取）

☆ 一个可以套磁环的支架（用积木插接支架，高度是磁环的5~6倍）

☆ 一根细线

☆ 一块较软的厚布

实验开始

1 将两个磁环都套在竖立的支架上，观察现象；

2 用细线系住支架，拉住线让支架悬空；

3 将厚布铺在桌子上，然后将线剪断。

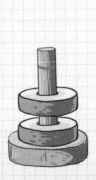

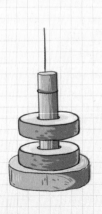

有趣的发现

上方的一个磁环会一直悬浮在另一个磁环的上方；将线剪断后，支架和磁环会同时下落，在支架落到桌子上之前，上方的磁环会自动脱离支架飞出。

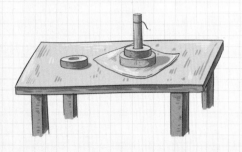

查尔斯大叔望着他们，笑了一下，说："让我来给你们解释一下吧。任何磁铁都有N极和S极。磁铁的周围存在着磁场，当磁铁的两个相同磁极相互接近时，磁铁之间就像有一股力量让它们分开一样，产生斥力；当磁铁的两个相反磁极相互接近时，两个磁铁就会牢牢地吸在一起，产生引力。简单来说，磁铁的排斥就是由于磁铁的磁场作用产生的。想想看，该怎么总结这个现象呢？"

艾米丽迫不及待地回答："同极相斥，异极相吸。"

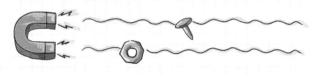

在日常生活中，我们经常会用到磁铁，可以说，它的用途非常广泛，比如有些文具盒、书包扣等上面都有磁铁。它给我们的生活带来了很大的方便。可是，大家知道磁铁为什么能吸铁吗？原来，物体里存在电子，电子很不稳定，会不停地运动。因为内部电子的运动，物体就产生了电流。当电流通过物体时，物体就变成了一种磁石，就形成了N极、S极。而铁块的正负电子也会定向移动，所以磁铁就被吸住了。

这天傍晚，艾米丽去找威廉和皮特玩。她刚推开门，就看到他们两个蹲在地上在弄什么东西。她走近一看，地上放了一堆钉子，两个人手中各拿一个小磁铁，在玩吸钉子的游戏。

威廉（低着头）："这个游戏实在太好玩了，我已经赢了皮特几次了，哈哈哈。"

皮特："你先别得意，看我的……"

带电的报纸

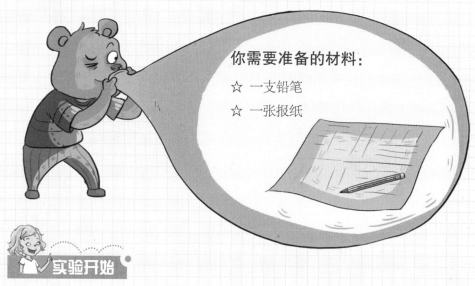

你需要准备的材料：

☆ 一支铅笔
☆ 一张报纸

实验开始

① 首先将报纸压平，然后平铺在墙上；

② 用铅笔的侧面快速地在报纸上摩擦几下，之后观察现象；

③ 将报纸的一角掀起来，然后松开手，再观察现象；

④ 将报纸慢慢地从墙上揭下来，注意倾听声音。

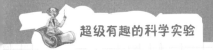

报纸会粘在墙上而不掉下来；当报纸的一角掀起后，松开手，掀起的一角会被墙壁吸回去；当报纸从墙上揭下来时，会听到静电的声音。

"哎呀，好神奇啊！这是怎么回事？怎么没有胶水、胶布之类的东西，报纸也能粘在墙上呢？"**皮特**说。

"大家肯定不知道这是怎么回事吧？"**查尔斯大叔**问道。

"好像应该和摩擦生电有点关系。"**威廉**说。

查尔斯大叔点了点头，说："没错，的确和摩擦生电有关系。当用铅笔摩擦报纸时，报纸就会带上一定的电。这样带电的报纸就会被吸附在墙上。因为屋子里的空气太干燥了，当我们将报纸从墙上揭下来之后，就可以听到静电发出的噼啪噼啪的声音。特别是在冬天的时候，这种声音更加明显。"

艾米丽听完后，禁不住说："这真的是太神奇了！真好玩！"

静电就是一个静止不动的带电电荷，静电通常是由于摩擦和分离造成的。生活中，静电现象随处可见：刚脱下化纤的外衣，再去开电视，你就可能被狠狠地电一下，那感觉让我们很不舒服。我们人体和周围带有很高的静电电压，有几千伏或者几万伏。静电因为电压高，会产生火花，甚至引起火灾、爆炸等。但静电也能变害为利，比如静电除尘，农业上的静电喷雾等。

　　早上，皮特刚起床，就发现艾米丽安静地坐在桌子旁。他走过去，问她为什么发呆。

　　艾米丽（挠着头）："我刚才梳头的时候，不知道怎么回事，头发老是跟着木梳一起飘起来，难道头发也想飞吗？"

　　皮特："哈哈，这个我知道，这也是因为静电的缘故！"

99

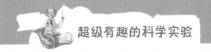

玻璃杯里下雨了

你需要准备的材料：

☆ 一个玻璃杯　　　　☆ 少许食用油

☆ 一个大玻璃罩　　　☆ 一杯清水

☆ 一枝带叶子的绿色植物枝条

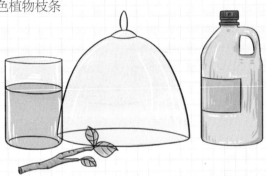

实验开始

① 在玻璃杯中加入大半杯清水；

② 把绿色植物枝条的下端浸入水中；

③ 在水面薄薄地滴上一层食用油；

④ 将大玻璃罩罩在玻璃杯上；

⑤ 将这一套装置放在强烈的阳光下。

很快，大玻璃罩壁上聚起了许多小水珠，就像细雨在玻璃窗上凝成的水滴一样。

"有人知道玻璃罩上的小水滴是从哪里来的吗？"**查尔斯大叔**狡黠地看着孩子们。

"是阳光照射杯子里的水，水蒸气凝结产生的。"**皮特**脱口而出。

"不对。"**威廉**说，"你看，水面上浮了一层油，水蒸气不可能通过油层。"

查尔斯大叔赞许地看着威廉说："很好，威廉观察得很仔细。其实植物叶子的表面，有许多细小的毛孔。阳光照射在玻璃罩上，使得植物吸收的水分，通过这些细小的毛孔蒸发了出来，凝结在玻璃壁上，形成了小水珠。"

水是一切植物生长的必要条件，所以植物体内含有大量的水分，有的甚至可达90%以上。但是不同的植物对于水的需求量也很不相同。生活在干旱地区的植物，一般叶片都退化得较为窄小，如仙人掌、骆驼刺等。这是植物的一种自我保护机能，因为沙漠地区气候干燥，失去的水分无法得到及时的补充，所以叶片小就可以减少蒸腾作用造成的水分流失。

查尔斯大叔："威廉，我去开会的这两个月，你对我的花做了什么？它们怎么看起来又要死了？"

威廉："查尔斯大叔，你可别冤枉我。由于最近没下雨，我全用的自来水，天天浇花！"

查尔斯大叔："天天浇水？哦，我的天呐！可我这次种的是芦荟和仙人掌呀……"

调皮的豆子

你需要准备的材料：

☆ 若干黄豆

☆ 一个玻璃酒杯

☆ 一个金属锅盖

☆ 一杯水

① 把玻璃酒杯中装满干黄豆；

② 把酒杯放在锅盖上；

③ 慢慢地往酒杯里加满水，注意不要让水溢出杯外。

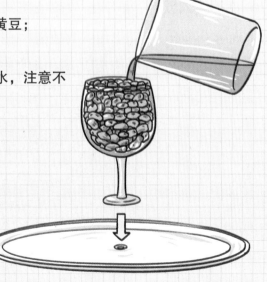

有趣的发现

杯里的黄豆会慢慢升高，黄豆陆续掉到杯外，落到金属锅盖上，发出"叮叮当当"的声音。

查尔斯大叔拍了拍忙着捡豆子的艾米丽问："你能先说说这其中的道理吗？"

艾米丽想了一下说："黄豆吸水后体积变大了，杯子里装不下了，所以黄豆就落在外面了。"

查尔斯大叔点了点头："这其实是一个渗透压的实验。几乎所有动植物的细胞膜都有神奇的渗透功能，它能够让水轻易地透过。但是溶解在细胞液中的物质却无法透过。在这个实验中，水透过了黄豆的细胞膜，使黄豆细胞内的营养成分被激活，黄豆不断膨胀，彼此之间产生压力，互相挤压，有些黄豆就被挤出玻璃杯了。"

大家知道为什么下雨天樱桃容易裂开吗？这就是渗透的作用。水可以渗入樱桃，但是细胞膜内的汁液却无法渗透出来。渗入的水分使细胞内压力增大，所以会使果实爆裂。渗透是日常生活中常见的现象，渗透压的原理也应用于生活的各个方面。比如，输液或打针所使用的液体就必须是和人体体液渗透压相等的溶液，否则药物就无法进入人体细胞。

皮特："艾米丽，你别一天到晚躺着吃零食了，快去运动运动减肥吧！"

艾米丽："运动对减肥没有效果。"

皮特："怎么会呢？运动到流汗，一定能够减肥。"

艾米丽："你不知道渗透的原理吗？渗透出来的只是水，营养物质是没法渗透出体外的。"

小小喷雾器

你需要准备的材料：

☆ 一个玻璃杯

☆ 两根玻璃吸管

☆ 半杯水

吹气

① 把一根玻璃管（A管）放入装有半杯水的玻璃杯中，并保持直立；

② 将另一根玻璃管(B管)管口架在A管的管口处，让二者呈90度角；

③ 用向B管中用力、持续地吹气。

吹气前A管中的水位与杯中原来的水位一致；吹气后，A管中水位立刻上升；继续用力吹气后，A管中的水位就会上升到管口，然后变成雾状从管口喷射而出。

查尔斯大叔拿着一张末端剪成须状的白色纸片放到嘴边，**威廉**问："查尔斯大叔，你要扮白胡子老爷爷吗？"

查尔斯大叔笑着说："我怕你们弄不懂喷雾器的原理，所以再给你们做个小实验，给你们更直观的印象。"

说着，他开始用力向纸片上方吹气，纸片呈水平状态，像一面小旗子。

"看到了吗？在同一种流质中，流速大产生的压强小；流速小产生的压强大。这就是著名的伯努利原理。我们吹纸片时，纸片上方的空气高速流动，空气压强随之变小，这样就与纸片下方的空气形成了压强差，使纸片克服了重力，呈水平状。喷雾器也利用了这个原理。你朝管里吹气，使得管口压强变小，水就从玻璃管中升上来，当它们从管口流出时，受到气流的冲击，被撕成微小的水滴，就成了雾。"

喷雾器是喷射流体力学原理在研究应用上最具代表性的产品之一。小到女士们喷香水、画家们制作喷画、工人们喷制广告，大到工业上使用的喷雾燃烧器、喷雾降温器、喷雾除尘器以及农业上的农药喷雾装置等，都是运用这个原理。

皮特："威廉，查尔斯大叔叫你今天打扫实验室，你怎么还不动手？"

威廉："灰尘太多，可是我找不到除尘喷雾器。"

皮特："哎呀，你真傻，看我的。"

说完，他在嘴里含了一口水，然后抿住嘴，用力一喷，细小的水雾立刻在空中散开来。

皮特："我这个天然的喷雾器怎样？哈哈……"

艾米丽："皮特！你今天重感冒！想都传染给我们吗？！"

蜡烛抽水机

你需要准备的材料：

☆ 两个玻璃杯　　　☆ 一些凡士林

☆ 一支蜡烛　　　　☆ 一盒火柴

☆ 一根塑料管　　　☆ 一杯水

☆ 一张比玻璃杯口稍大的硬纸片

实验开始

❶ 把两个玻璃杯并排放在桌上；

❷ 将塑料管折成拱桥形，一头穿过硬纸片；

❸ 在一个玻璃杯里注入大半杯水，在另一个玻璃杯的底部固定好蜡烛并点燃；

❹ 将装有蜡烛的玻璃杯口涂上凡士林；

❺ 把穿有塑料管的硬纸片盖在装有蜡烛的玻璃杯口上，塑料管的另一端则伸入另一个玻璃杯的水中。

凡士林

水从装水的玻璃杯中流向了装蜡烛的玻璃杯中。

"真是太神奇了。"威廉说，"蜡烛还有吸水的功能呀，简直不可思议。"

查尔斯大叔笑了："这可不是蜡烛吸水！我们都知道，燃烧需要氧气，玻璃瓶中的氧气随着蜡烛的燃烧而减少，从而导致瓶内气压降低。这时，装水的玻璃杯中的压力就会迫使水往另一个杯中流动，直到两个杯子中的水承受的压力相等为止。你们注意看，由于装蜡烛的杯子中缺少氧气，气压低，所以最后是这个杯中的水面略高。"

"果真如此！"三个孩子都惊呼起来。

大气压强简称气压。地球的周围全是厚厚的空气，这些空气被称为大气层。我们已经知道，空气也有质量，所以在万有引力的作用下，它也有重力。因此，空气内部的各个方向都有压强，这就是我们平常所说的大气压。气压的高低对人体的生理和心理都有非常明显的影响，比如在阴雨天等气压较低的天气时，人们的情绪也会比较低落。

威廉："查尔斯大叔，皮特说他今天不能来实验室了，他说他身体不舒服。"

查尔斯大叔："他说了生病的原因吗？"

威廉："他说今天气压太低，他不太舒服，心情也比较糟糕。"

查尔斯大叔："呃……他还真会活学活用啊。"

会伸缩的铁丝

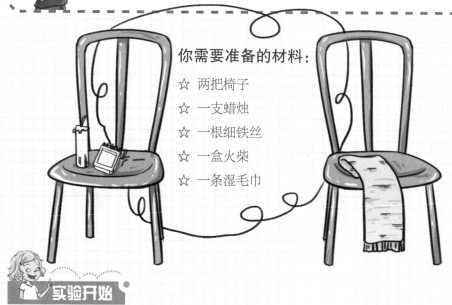

你需要准备的材料：

☆ 两把椅子
☆ 一支蜡烛
☆ 一根细铁丝
☆ 一盒火柴
☆ 一条湿毛巾

实验开始

❶ 把湿毛巾放在冰箱里冰一会儿；

❷ 把细铁丝的两头分别绑在两把椅子的椅背上；

❸ 让两把椅子背面相向，把细铁丝拉紧、绷直；

❹ 点燃蜡烛，在铁丝中间加热，观察铁丝的变化；

❺ 停止加热，用冰毛巾握住铁丝，再观察铁丝的变化。

湿毛巾

有趣的发现

加热时，椅子并没有移动，但是铁丝却变弯了。停止加热后，用湿毛巾握住铁丝，铁丝慢慢地又重新绷直了。

"这个现象叫热胀冷缩，"**艾米丽**说，"妈妈煮好鸡蛋后，常常放在冷水里浸一下，皮就好剥了。她告诉我这是热胀冷缩的原理。"

查尔斯大叔点头说："热胀冷缩是一般物质都具有的特性。我们知道，物质是由分子构成的。物体受热，温度升高，分子运动加速，分子间空隙增大，物体就膨胀了起来。反之，物体受冷，温度降低，分子运动减慢，分子间空隙减小，物体就会收缩。实际上，这就是热能与分子动能之间的一种转化，我们可以把它充分利用到我们的日常生活和生产中。"

如果大家留意观察，我们的日常生活中会发现很多对物体热胀冷缩特性的利用。例如，马路上常会留有一道道的缝隙，这是为了避免水泥路面受热膨胀挤压路面，使路面破损；又如，为避免火车轮和铁轨摩擦产生热量而使铁轨膨胀，每段铁轨之间都留有空隙；还有，夏天给自行车打气，不能打得过足，否则空气受热膨胀便会发生爆胎。

威廉："查尔斯大叔，你说的热胀冷缩在生活中还真是随处可见。"

查尔斯大叔："哦？你发现了什么？"

威廉："暑假有两个月，而寒假只有二十几天，这不是典型的热胀冷缩吗？"

查尔斯大叔："……"

脾气古怪的水

你需要准备的材料:

☆ 一个电水壶

☆ 一块豆腐

☆ 水

实验开始

① 将电水壶装满水,插上电直至烧开,观察水的状态;

② 把豆腐放入冰箱冷冻柜冷冻,直至豆腐变硬;

③ 将冷冻后的豆腐放在常温下解冻,观察豆腐的形态。

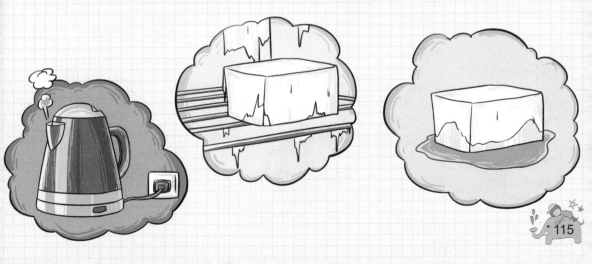

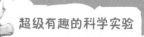

 **有趣的发现**

电水壶的水烧开后，会向外溢出；冻豆腐解冻后，会出现蜂窝状的小孔。

"电水壶的水烧开后往外溢出，这是水的热胀冷缩所造成的，这个我们都知道。但是做冻豆腐，是想告诉我们什么呢？"**皮特**迫不及待地问。

"这就是我们今天这个实验的关键所在。"**查尔斯大叔**说，"大家一定很奇怪冻豆腐上的这些小孔是从哪里来的。其实豆腐中原来就有这些小孔，因为里面存满了水，所以我们看不见。当豆腐结冰后，小孔里的水变成冰，将小孔撑大，解冻后又化成了水流出，所以这些小孔就留了下来……"

"难道这是热缩冷胀？"**艾米丽**惊讶地张大了眼睛。

"对，这就是水在0~4℃的一个特性。水在4℃以上时，具有热胀冷缩的特性；但在0~4℃范围内，随着温度升高，水的密度增大，而体积却会减小，出现冷胀热缩的'反常现象'。"

　　大家都说热胀冷缩是一般物质的共性，但也有特列，比如水结成冰时就会发生类似"冷胀热缩"的现象。冬天，户外的水管里如果有水的话，当气温下降到0℃时，水管就会爆裂，这就是因为水在变成冰时，体积膨胀，从而将水管撑裂了。

艾米丽："原来人也是'冷胀热缩'的呀。"

皮特："为什么这么说？"

艾米丽："你看，大多数人不都是冬天比较胖，而夏天比较瘦吗？"

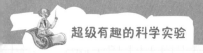

好玩的跟头虫

你需要准备的材料：

☆ 一颗药品胶囊

☆ 一颗小钢珠

☆ 一张长方形硬卡纸

☆ 一把剪刀

 实验开始

① 将胶囊打开，倒出里面的药粉；

② 把小钢珠装入空心胶囊，再把胶囊合起来；

③ 把长方形的卡纸从中间对折，作为轨道；

④ 把装有钢珠的胶囊放在轨道中间，观察胶囊的变化。

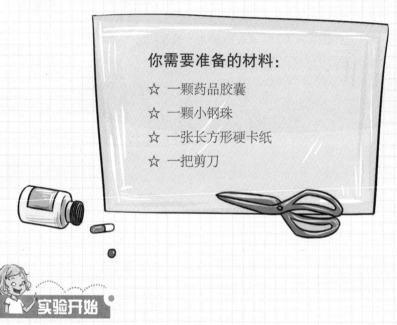

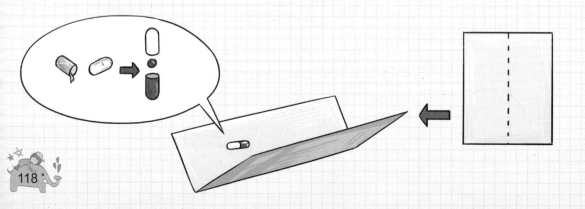

有趣的发现

装有钢珠的胶囊在轨道中间不停地翻滚，像一个小跟头虫。

"物体的运动需要力，那么让'跟头虫'不停翻滚的力从哪里来呢？"查尔斯大叔的问题让玩得兴高采烈的孩子们安静了下来。

"这要从物体的重心说起。"查尔斯大叔说，"我们知道，物体各个部分都会受到重力的影响，而这些重力集中作用的一点就是物体的重心。大多数物体的重心是固定的，例如，书的重心在书本的中心，落地扇的重心在靠近底座处，篮球的重心在球心等。但是，当胶囊中被放入小钢珠后，由于小钢珠不停地往低处滚去，使胶囊的重心也总是不断变化，所以胶囊就会不停地'翻跟头'。"

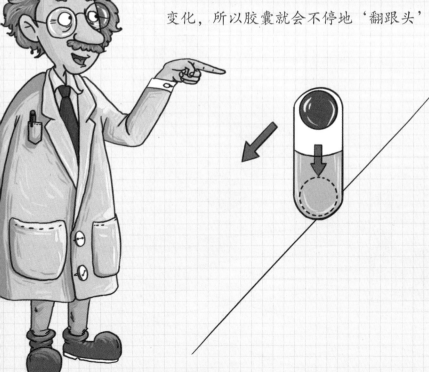

大家看体育赛事的时候，不知道有没有注意到一点：举重运动员的个子与其他项目的运动员相比，都比较矮。这是因为个子矮的人重心比较低，在举起重物时就容易站得稳；同时在把重物举过头顶时，运动员克服重力所做的功也较少。

皮特在练习跳水，艾米丽站在边上看着。查尔斯大叔刚数了"一、二……"只听"扑通"一声，掉进水里的却不是皮特，而是艾米丽。

查尔斯大叔："艾米丽，你是因为发呆才掉进水里的，是吗？"

艾米丽："不……不是，是我刚刚吃了一个苹果，我的重心发生了变化才……没站稳……"

烂水果也有妙用

你需要准备的材料：

☆ 一堆开始腐烂的水果

☆ 一个密封的大坛子

☆ 适量白糖

☆ 一台搅拌机

☆ 一块纱布

实验开始

① 将水果洗净，削除腐烂部位；

② 用搅拌机将所有水果混合搅碎；

③ 将搅碎后的水果放入坛子，并加入适量白糖；

④ 将坛子密封，常温下放置4~8天；

⑤ 用纱布滤去渣滓。

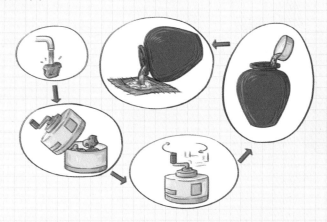

有趣的发现

得到的液体有一股浓浓的酒精味，同时带有淡淡的果香。

"这不就是水果酒吗？"**艾米丽**说，"我爷爷常常在家里自酿葡萄酒。这不是食物吗？它怎么可以用来作能源？"

查尔斯大叔笑着说："你知道酒精的学名叫乙醇吗？植物经过发酵会产生酒精，但是浓度通常只有8%～10%左右，它是不可以直接作为能源使用的，必须经过反复蒸馏、提纯，当浓度达到99.5%以上时，才可以作为汽车燃料。乙醇作为能源，具有可再生、无污染等优点，同时还能刺激农业生产，增加农民收入，所以值得大力推广。"

乙醇汽油作为一种新能源，可以取代石油成为汽车燃料。但乙醇的用途非常广泛，在医药、涂料、卫生用品、化妆品、油脂、洗涤剂等各个方面，都有它的用武之地。乙醇作为汽车燃料，只占它使用总量的一半。

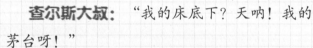

威廉："查尔斯大叔，这是我自己制作的乙醇，送给你，给你的汽车作燃料。"

查尔斯大叔："谢谢你，孩子，你真了不起。你是怎么做到的？我没看见你做什么准备呀。"

威廉："我在你床底下找到了一箱酒，就是用那个酒提取的。"

查尔斯大叔："我的床底下？天呐！我的茅台呀！"

自动浇花器

你需要准备的材料：

☆ 一个大雪碧瓶

☆ 一长一短的两根细塑料管

☆ 一把小锥子

☆ 一根细绳

☆ 一个小卡子

☆ 适量水

☆ 一个花盆

 **实验开始**

❶ 把水加入雪碧瓶中，注意不要加得太满，要留有一定空隙；

❷ 拧紧瓶盖，用锥子在瓶盖上扎两个小洞，大小要正好能将两根细塑料管插进去；

❸ 把短的塑料管用细绳固定在瓶身上，把小卡子卡在长的塑料管上；

❹ 用细绳捆绑瓶身，然后将它倒置，挂在较高处；

❺ 把长塑料管的一头放在花盆里，打开小卡子，控制水的流速。

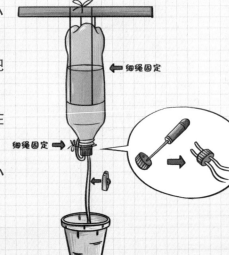

细绳固定 ←

细绳固定 →

有趣的发现

水一滴一滴地顺着长塑料管流入花盆。

艾米丽说："咦，我怎么看着这么像医院里挂点滴用的输液器呢？"

查尔斯大叔说："对，这就是给花浇水的输液器，学名叫滴灌。它运用了物理学上的虹吸原理。雪碧瓶密封，瓶内气压远远低于大气压强。当空气从短塑料管进入瓶中时，瓶内的气压值就会发生变化，直到瓶内外气压值相等才会停止变化，这时，在液体自身重力的作用下，水就会从管内缓缓流下，进入土壤。现在大家明白为什么要在瓶盖上插两根塑料管，并且其中一根一定要口朝上了吧？"

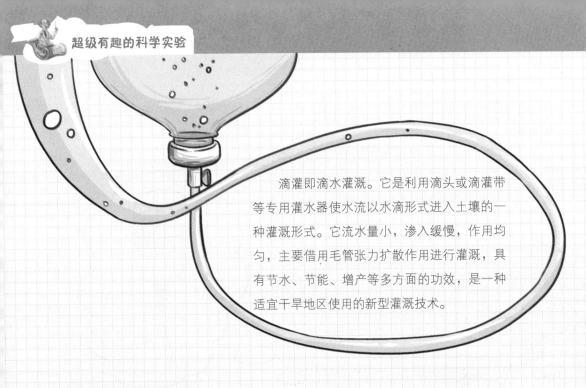

滴灌即滴水灌溉。它是利用滴头或滴灌带等专用灌水器使水流以水滴形式进入土壤的一种灌溉形式。它流水量小，渗入缓慢，作用均匀，主要借用毛管张力扩散作用进行灌溉，具有节水、节能、增产等多方面的功效，是一种适宜干旱地区使用的新型灌溉技术。

皮特："依我看，威廉可以获得世界懒人评选的年度大奖了。"

查尔斯大叔："哦？为什么？"

皮特："你们看，他自制了一个滴液器，里面灌满了可乐。当他躺在沙发上看书或看电视的时候，只要打开阀门，可乐就会自动流到他的嘴里，不仅不用动手，连吸的力气也省了。"

小鸭指南针

你需要准备的材料：

☆ 一张黄色吹塑纸

☆ 一块泡沫

☆ 一小块条形磁铁

☆ 一大碗水

☆ 一把剪刀

实验开始

1️⃣ 用吹塑纸剪出一只小鸭；

2️⃣ 把条形磁铁粘在小鸭身上；

3️⃣ 用泡沫剪出一个长方形底座；

4️⃣ 把小鸭粘在泡沫底座上；

5️⃣ 把小鸭轻轻放碗中。

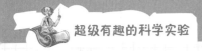

有趣的发现

过了一会儿，小鸭的头向南、尾向北。

"你们知道为什么小鸭的头尾会分别指向南北方向吗？是什么在起作用呢？"查尔斯大叔问。

艾米丽回答："是条形磁铁。"

查尔斯大叔点点头："不错。我们知道，地球有南、北两极，它本身就是一块巨大的磁铁。小鸭身上的条形磁铁由于受到地球磁场的作用，它的N极、S极就会分别指向地球的北极和南极。我国古代的指南针就是根据这个原理发明的。"

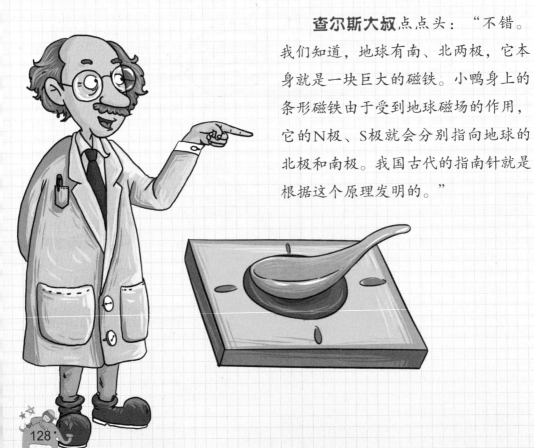

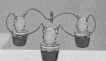

人们很早就发现了磁铁吸铁的特性，并发明了指南针、磁石棋以及用于针灸的磁针等。随着科技的发展，越来越多的磁现象被运用于工业、农业、军事、医疗及日常生活的各个方面，如我们常使用的公交卡、门卡、银行卡等磁卡；医学上的核磁共振、磁化水；军事上的电磁炮、电磁导弹；等等。

威廉兴冲冲地拿着钓鱼竿往外走。

查尔斯大叔： "威廉，这鱼竿没装鱼钩，上次钓鱼时不小心弄掉了，我还没装新的呢。"

威廉："没关系，查尔斯大叔，我在上面系块磁铁就行了。"

查尔斯大叔： "啊？磁铁还能钓鱼？这是你的新发明吗？"

威廉："昨天你不是说池塘里有很多铁头鱼吗？"

查尔斯大叔： "……"

（注：铁头鱼即隆头鹦哥鱼，是一种鱼类。）

会跳舞的玻璃纸小人

你需要准备的材料：

☆ 一张玻璃纸

☆ 两小块条形磁铁

☆ 一卷双面胶

☆ 一张垫板

☆ 一根细线

实验开始

❶ 将玻璃纸折成一束，将细线系在其三分之一处，扎紧；

❷ 将细线上部的玻璃纸做成小人的头部和手臂，下部做成裙子；

❸ 把其中一块磁铁用双面胶粘在小人的裙子里；

❹ 把小人放在垫板上，一只手拿着另一块磁铁在垫板底下操控。

细绳扎紧 ➡

双面胶固定

有趣的发现

玻璃纸做的小人会随着手中磁铁的移动而做出各种类似舞蹈的动作。

皮特笑着对艾米丽说："看，艾米丽，跳得比你还美呢！"艾米丽瞪了他一眼说："我身上可没装磁铁。"查尔斯大叔打了个手势让他们安静："我们知道，玻璃纸小人之所以会跳舞是她裙子里的磁铁和你们手中的磁铁相互作用的结果。你们看，因为同极相斥、异极相吸，当两块磁铁的异极靠近时，小人会随着你们手中的磁铁滑行、转圈，而当它们的同极靠近时，相互排斥的力量会使小人腾空，就像舞蹈中的跳跃动作一样。"

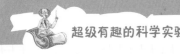

任何一块磁铁都有两个磁极，一个是S极（即南极），另一个是N极（即北极）。如果将一块磁铁从中间切断，那么断开后的两块磁铁还是各有两个磁极——N极和S极。不论你把磁铁切分得多么小，它总有两个磁极。这也就是说N极和S极总是成对出现，任何一块磁铁都不可能只有N极或S极。

查尔斯大叔： "皮特，你今天晚饭怎么只吃鸡肝？一盘鸡肝差不多都被你一个人吃了。"

皮特： "你不是说吃动物肝脏可以补铁吗？"

查尔斯大叔： "这倒是……"

过了一会儿，大家听见皮特在客厅里"乒乒乒乒"地翻东西，一边找，一边念："磁铁磁铁快出来，快快吸到我的身上来。"

会飞的火苗

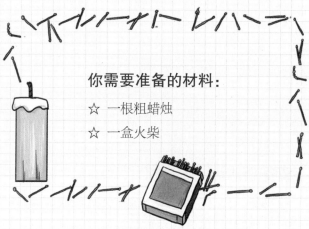

你需要准备的材料:

☆ 一根粗蜡烛

☆ 一盒火柴

实验开始

❶ 用火柴将蜡烛点燃,让它燃烧一会儿;

❷ 吹灭蜡烛,烛芯周围会升起一股白色的烟雾;

❸ 立刻点燃火柴,靠近烟雾(注意不要碰到烛芯)。

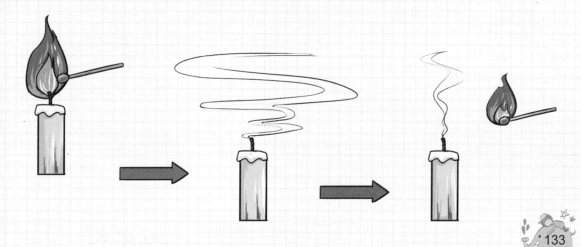

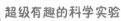

有趣的发现

点燃的火柴并没有碰到烛芯，但是却有一团火苗朝烛芯飞了过去，蜡烛重新开始燃烧。

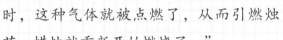

"是火柴会变魔术，还是蜡烛会变魔术？"看着这不可思议的一幕，**威廉**惊叫起来。

查尔斯大叔笑了笑说："让我来给你们解释这其中的奥秘吧！蜡烛的主要成分是蜡油。蜡油可以燃烧，在燃烧过程中，一部分蜡油会转化为气体，这种气体同样具有可燃性。蜡烛刚被吹灭时，烛芯周围有很多蜡油变成的气体，当火柴的火焰靠近它时，这种气体就被点燃了，从而引燃烛芯，蜡烛就重新开始燃烧了。"

"原来如此。"**皮特**和**艾米丽**恍然大悟地点了点头。

蜡是动物、植物或矿物所产生的油质物体，具有可塑性，常温下为固体，易溶化，不溶于水。过去蜡通常用于照明，现在蜡的用途开发得越来越多了，它可以用来制作蜡纸，用于包装、金属防锈和印刷；还可以用于洗涤剂、乳化剂、润滑剂、分散剂等的制作，是非常重要的物质。

晚上，查尔斯大叔带着孩子们观看纪录片《一支蜡烛的化学史》，孩子们正看得津津有味，突然停电了，屋里一片漆黑。

艾米丽： "哎呀，什么都看不到了，我好害怕呀！"

威廉： "不要怕，马上就不黑了。皮特，我们上次做实验用的蜡烛还在吗？快找出来点上。"

开水里游泳的金鱼

你需要准备的材料：

☆ 一支长颈烧瓶

☆ 一条小金鱼

☆ 一个试管夹

☆ 水

☆ 一盒火柴

☆ 一盏酒精灯

实验开始

1 将烧瓶装满清水；

2 把小金鱼放入烧瓶中；

3 点燃酒精灯；

3 用试管夹夹住烧瓶瓶颈，用酒精灯加热；

4 只加热烧瓶口，直到烧瓶口处的水沸腾。

清水

有趣的发现

烧瓶口处的水沸腾冒泡，但是烧瓶底部水中的小金鱼依然悠闲地游来游去。

没等孩子们开口，**查尔斯大叔**就先发问了："大家回忆一下，冬天乘公交车时，握住铁把手，有什么感觉？"

艾米丽想了想说："非常冷。"

查尔斯大叔说："铁把手裸露在空气中，其实和周围空气的温度是同样的，为什么人手摸上去感觉特别冷呢？这是因为铁是非常好的导热体，能迅速把人手的温度传导出去……"

"我知道了！"**皮特**喊起来，"因为水和玻璃是不良导热体，所以热量不会很快到达烧瓶底部，小金鱼现在还是在冷水里。"

"不错。还有一个原因是烧瓶颈部和底部的水不容易形成对流。"**查尔斯大叔**补充道。

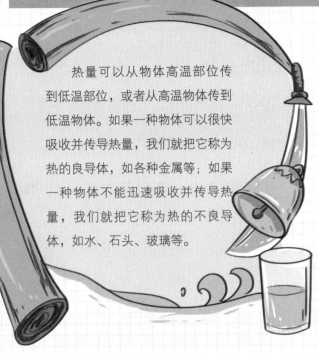

热量可以从物体高温部位传到低温部位，或者从高温物体传到低温物体。如果一种物体可以很快吸收并传导热量，我们就把它称为热的良导体，如各种金属等；如果一种物体不能迅速吸收并传导热量，我们就把它称为热的不良导体，如水、石头、玻璃等。

　　查尔斯大叔让孩子们各自准备材料做导热实验，过了一会儿，威廉哭丧着脸来找他。

　　威廉："查尔斯大叔，我把皮特的金箍棒给烧坏了。"

　　查尔斯大叔："啊？怎么会这样？"

　　威廉："我想测试铁的导热性能，就拿了皮特的金箍棒放在火上烤，谁知道那竟然是木头做的！"

烟灰和糖

你需要准备的材料：

☆ 一袋白糖
☆ 一些烟灰
☆ 一个铁皮盖
☆ 一盒火柴

实验开始

❶ 把白糖撒在铁皮盖上，点燃火柴去烧糖；

❷ 在白糖上撒一些烟灰，再用点燃的火柴去烧。

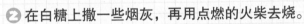

烟灰

有趣的发现

当用火柴去点白糖时，白糖不会燃烧。但是当撒上烟灰后，再用火柴引燃，白糖很快就开始燃烧，发出蓝粉色的火焰，直至全部烧完。而此时铁皮盖中剩下的烟灰却并没有变少。

"现在，大家可以回答我刚刚提出的问题了吧——糖可以燃烧吗？"实验做完，**查尔斯大叔**问大家。

"当然可以。"大家异口同声地回答。

"但是，为什么一开始糖没有燃烧，而撒了烟灰后就开始燃烧了呢？"**查尔斯大叔**又问。

大家你看看我，我看看你，都摇了摇头。

"这是因为糖是由碳、氢、氧等元素组成的有机化合物，"**查尔斯大叔**解释说，"它的熔点很高，会熔化，但是一般的高温很难使它燃烧。而烟灰里面含有一种叫作'锂'的化学元素，它在100度的高温下就可以和糖里的氧元素、氢元素发生剧烈的化学反应，从而使糖燃烧。但是烟灰本身的质量和性质并没有发生变化，它只是起了一个催化作用，所以我们把它称作催化剂。"

催化剂可以使其他物质的化学反应速度提高或降低，但它本身的质量和性质在反应前后都没有发生改变。无论是科学家做实验，还是我们的日常生活和生产，都能用到催化剂的这种特性。比如我们可以利用铂等金属做催化剂，将汽车尾气中含有的有害气体一氧化碳和一氧化氮，转化为无害的二氧化碳和氮气，从而保护环境。

皮特手捂着脸，走进了实验室。

威廉："你怎么了，皮特？为什么脸肿得像发面馒头？"

皮特："我牙疼。哎哟……"

威廉："可是，牙疼为什么脸会肿呢？"

查尔斯大叔："牙疼是因为牙根发炎了，牙龈因此肿胀起来，结果就导致脸部肿胀。"

疯狂的爆米花

你需要准备的材料：

☆ 一张纸巾
☆ 一些爆米花（大米炸的）
☆ 一个干燥的浅盘子
☆ 一把塑料小勺

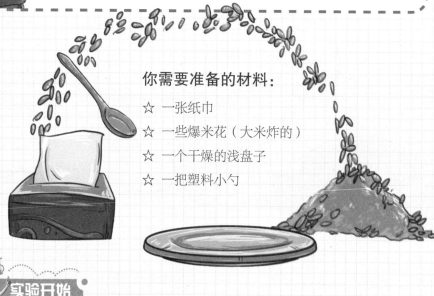

实验开始

1️⃣ 把爆米花放在浅盘子里；

2️⃣ 用纸巾反复摩擦塑料小勺；

3️⃣ 然后把小勺放在距离大米爆米花3~5厘米处的上方。

有趣的发现

小勺一靠近爆米花，爆米花就立刻跳起来，粘到小勺子上；然后它们又突然改变方向，朝四面八方飞出去，像是在表演疯狂的舞蹈。

"哈哈哈……" **皮特**大笑着说，"我原来只知道爆米花好吃，想不到它们还能进行这样出色的才艺表演呀！"

查尔斯大叔说："这其中的奥秘就在刚刚我们用纸巾擦拭的小勺子上。摩擦可以使物体产生静电。当塑料小勺与纸巾摩擦后，带上了大量的电荷，就把爆米花都吸了上去。而当小勺上的电荷一部分转移到爆米花上时，爆米花所带的电荷就与小勺子相同了。由于同种电荷互相排斥，爆米花就向四周飞散了。"

143

摩擦可以产生静电。大家在天气干燥的季节梳头时，是否注意到头发会粘在梳子上或向四周飘散？晚上脱毛衣的时候，是否会听见"噼啪"的响声，而且伴有蓝色电花？手与别人的手相碰时，是否也会像被电击一样，又疼又麻？这些都是静电。静电有时会带来危害，但是合理利用静电，也可以使其服务于人类的生产与生活。

皮特："艾米丽，快点下去帮查尔斯大叔搬文件柜。"

艾米丽："你为什么不去搬？"

皮特："刚刚我去搬了，被静电电了一下。"

艾米丽："那我去就不会被电啊？"

皮特："肯定不会，不是说同性相斥，异性相吸吗？它排斥我，肯定就不会排斥你了。"

看看声音

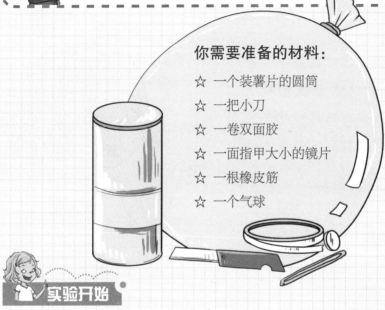

你需要准备的材料：

☆ 一个装薯片的圆筒

☆ 一把小刀

☆ 一卷双面胶

☆ 一面指甲大小的镜片

☆ 一根橡皮筋

☆ 一个气球

实验开始

❶ 用小刀把圆筒横向一分为二，取两端开口的那一段；

❷ 从气球上剪下一块，覆盖在圆筒一端，并用橡皮筋绷紧；

❸ 用双面胶把小镜片粘在靠近圆筒边缘的气球皮上；

❹ 在阳光明亮的时候，站在距离墙壁三四米处，把圆筒有气球皮的一端朝着墙壁，另一端对准嘴，选择合适的角度，让镜片的反光点恰好落在墙壁上；

❺ 对着圆筒大喊，注意声音要高低变化。

3M

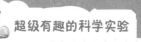

有趣的发现

镜片的反光点会在墙壁上不停地抖动。

艾米丽瞪大了眼睛说："当查尔斯大叔说'看看我们的声音'时，我还以为自己听错了，声音怎么可以看得到？原来真的可以呀。"

查尔斯大叔笑眯眯地说："其实，声音当然是看不到的，但是我们做了一个小小的'示波器'。声音是由于物体的振动而产生的，物体发出的声音越高，振动的频率也就越高。我们叫喊时发出的声波通过空气传播到气球皮上，使气球皮产生振动，从而使镜片也随之振动，它投射在墙壁上的反光点也会随之抖动起来。这样，我们就能够'看到'自己的声音了。"

　　1630年，一个7岁的法国小男孩在拿着盘子当玩具敲打时，突然想到了一个问题——声音是从哪里来的呢？为什么敲打盘子发出声音时，手会感觉到振动？长大后，他终于解开了这个谜团。他就是提出"声音来自振动"的著名物理学家——帕斯卡。

　　查尔斯大叔带着大家在实验室静静地做实验，突然，"噗"的一声，随后，空气中慢慢散发出一股臭味。

查尔斯大叔："是谁放的屁？好臭。"

皮特："是威廉。"

威廉："我没有！"

皮特："还想抵赖呢！刚刚我手正好放在你的椅背上，我感到了一阵振动。"

声音灭火

你需要准备的材料：

☆ 一个装薯片的圆筒
☆ 一把锥子
☆ 一根橡皮筋
☆ 一个气球
☆ 一盒火柴
☆ 一支蜡烛

实验开始

❶ 用锥子在装薯片的圆筒的底部钻一个直径1厘米左右的小孔；

❷ 从气球上剪下一块，覆盖在圆筒口，并用橡皮筋绷紧；

❸ 点燃蜡烛；

❹ 把圆筒拿至离蜡烛10~30厘米远的地方，将小孔对准蜡烛的火焰，然后用力敲击气球皮。

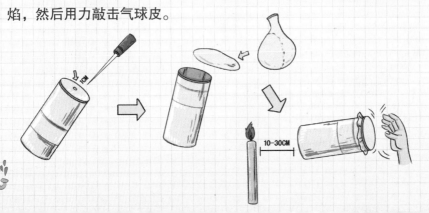

10-30CM

蜡烛的火焰很容易就被熄灭了。

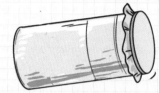

查尔斯大叔问："谁能来先说说看？"

"我来。"**皮特**抢先举起了手，"使蜡烛熄灭的是声音。当我们用手拍打气球皮时，气球皮振动发出声波。所以是声音熄灭了蜡烛。"

查尔斯大叔向皮特竖起了大拇指："很好。我再来补充一点。大家看，圆筒的底部有一个小孔，由于有了这个小孔，声波的方向性就大大增强了，从而使能量集中的空气疏密波将正前方的蜡烛火焰熄灭。不信，大家试试看：要是就这样对着蜡烛大喊而不集中声波的话，声波会向四周扩散，是很难将火焰熄灭的。由此可见，声音也是有能量的。"

物体产生振动后，在传播媒介中以波的形式发生机械能的转移和转化，称为声能。声能和其他能量一样，是人类可以利用的能量，在生活和生产中有着广泛的应用。比如人们利用超声波来驱赶田野里的害虫，不仅避免使用农药对环境造成的污染，而且可以促进作物生长，使农作物的产量增加。

查尔斯大叔冲进实验室，实验室里的各种音响、设备正发出震耳欲聋的声音。

查尔斯大叔： "你们三个小家伙，究竟在做什么？"

皮特： "我们在做声能实验，但是到现在还没什么成效。"

查尔斯大叔： "可是我却已经收到你们实验的'成效'了！看，这些是小区居委会送来的邻居们的抗议书，以及环保机构的噪声超标罚款单！"

罚单

会唱歌的酒杯

你需要准备的材料：

☆ 一个薄壁高脚玻璃杯
☆ 清水
☆ 一块肥皂

实验开始

❶ 将高脚杯注满清水；

❷ 用肥皂洗净双手，不要残留油迹；

❸ 一只手握紧高脚杯的底部，将另一只手的食指沾湿，来回摩擦高脚杯的边缘。

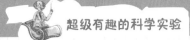

有趣的发现

高脚杯杯壁发出悦耳的声音，同时杯口边缘溅起水花。

艾米丽说："有一首歌唱道'精美的石头会唱歌'，没想到玻璃杯也会唱歌。"

大家都笑了。**查尔斯大叔**说："这个要用共振原理来解释。用手摩擦高脚杯的玻璃壁时，高脚杯会产生振动。我们听到的声音就是高脚杯振动产生的。当摩擦引起的振动频率和杯壁的固有频率相等或接近时，杯壁就会产生共振。这种振动在水面上传播，并与杯壁反射回来的反射波叠加形成二维驻波，激荡水面，从而产生了四溅的水花。"

火山爆发

你需要准备的材料：

☆ 一个细颈瓶

☆ 一个脸盆

☆ 一些醋

☆ 一些小苏打

☆ 一瓶红墨水

☆ 几张A4纸

实验开始
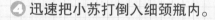

① 向细颈瓶中倒入红墨水和醋；

② 把细颈瓶放在脸盆里；

③ 把纸张覆盖在细颈瓶上，堆成火山的样子，露出瓶口；

④ 迅速把小苏打倒入细颈瓶内。

超级有趣的科学实验

有趣的发现

火山喷发了！红色的墨水像岩浆一样从瓶口不断冒出，顺着白纸往下流，就像真正的火山爆发一样。

"哇！简直太壮观了！"**艾米丽**喊了起来。

皮特白了她一眼，说："你没见过电视上真正的火山喷发吗？那才壮观。"

查尔斯大叔笑着争论说："真正的火山爆发是很危险的，我们没办法亲自去看。我们这个只是模拟火山爆发的小实验。大家知道，瓶里有醋，加入小苏打后，酸和碱相遇，发生剧烈的化学反应，产生大量二氧化碳。但是由于细颈瓶瓶口太小，而瓶内的压力突然增大，所以红墨水就喷涌而出，形成了酷似火山爆发的场景。"